本书编委会

主编

石　磊

副主编

李亚兵　　张爱民

委员

（以姓氏笔画为排序）

王仁兵　　王孝刚　　孔凡婷　　冯　璐　　朱德文　　刘向新

刘凯凯　　孙冬霞　　孙勇飞　　杜明伟　　李　伟　　杨北方

吴爱兵　　别　墅　　宋庆奎　　张玉同　　张教海　　陆江林

陈长林　　周　勇　　夏松波　　夏俊芳　　黄铭森　　曹龙龙

龚　艳　　韩迎春　　谢　庆　　雷亚平　　禚冬玲

大田作物生产机械化技术丛书

国家科技支撑计划项目"大田作物机械化生产关键技术研究与示范"成果
"十三五"江苏省重点图书出版规划项目

石 磊 主编

棉花生产
机械化技术

江苏大学出版社
JIANGSU UNIVERSITY PRESS
镇 江

图书在版编目(CIP)数据

棉花生产机械化技术 / 石磊主编. — 镇江：江苏大学出版社，2017.12
ISBN 978-7-5684-0672-7

Ⅰ．①棉… Ⅱ．①石… Ⅲ．①棉花－机械化栽培
Ⅳ．①S562.048

中国版本图书馆 CIP 数据核字(2017)第 290695 号

棉花生产机械化技术
Mianhua Shengchan Jixiehua Jishu

主　　编/石　磊
责任编辑/吴昌兴　　吕亚楠
出版发行/江苏大学出版社
地　　址/江苏省镇江市梦溪园巷 30 号(邮编：212003)
电　　话/0511-84446464(传真)
网　　址/http://press.ujs.edu.cn
排　　版/镇江华翔票证印务有限公司
印　　刷/句容市排印厂
开　　本/718 mm×1 000 mm　1/16
印　　张/13.25
字　　数/265 千字
版　　次/2017 年 12 月第 1 版　2017 年 12 月第 1 次印刷
书　　号/ISBN 978-7-5684-0672-7
定　　价/49.00 元

如有印装质量问题请与本社营销部联系(电话:0511-84440882)

序

当前,我国农业资源与环境约束趋紧,发展方式粗放,农产品竞争力不强,农业劳动力区域性、季节性短缺,劳动力成本持续上升,拼资源、拼投入的传统生产模式难以为继。谁来种地、如何种地,成为我国现代农业发展迫切需要解决的重大问题。

机械化生产是农业发展转方式、调结构的重要内容,直接影响农民种植意愿和农业生产成本,影响先进农业科技的推广应用,影响水、肥、药的高效利用。2016年,我国农业耕种收综合机械化水平达到65%,农机工业总产值超过4200亿元,成为全球农机制造第一大国,有效保障了我国的"粮袋子""菜篮子"。

与现代农业转型发展要求相比,我国关键农业装备有效供给不足,结构性矛盾突出。粮食作物机械过剩,经济作物和园艺作物、设施种养等机械不足;平原地区机械过剩,丘陵山区机械不足;单一功能中小型机械过剩,高效多功能复式作业机械不足,一些高性能农机及关键零部件依赖进口。同时,种养业全过程机械化技术体系和解决方案缺乏,农机农艺融合不够,适于机械化生产的作物品种培育和种植制度的标准化研究刚刚起步,不能适应现代农业高质、高效的发展需要。

"十二五"国家科技支撑计划项目"大田作物机械化生产关键技术研究与示范"针对我国粮食作物、经济作物和园艺作物农机农艺不配套问题,以农机化工程技术和农艺技术集成创新为重点,筛选适宜机械化的作物品种,优化农艺规范;按照种植制度和土壤条件,改进农业装备,建立机械化生产试验示范基地,构建农作物品种、种植制度、肥水管理和装备技术相互融合的机械化生产技术体系,不断提高农业机械化的质量和效益。

本系列丛书是该项目研究的重要成果,包括粮食、棉花、油菜、甘蔗、花生和蔬菜等作物生产机械化技术及土壤肥力培育机械化技术等,内容全面系统,资料翔实丰富,对各地机械化生产实践具有较强的指导作用,对农机化科教人员也具有重要的参考价值。

2017 年 5 月 15 日

前　　言

　　一直以来,棉花都是我国重要的农产品,是包括轧花、纺纱、织布、印染、服装制作、消费及棉副产品加工与利用等环节的重要原料。根据棉花种植区域的地域环境,中国目前主要分为三大产棉区域,即西北内陆棉区、黄淮流域棉区和长江流域棉区。这三大产棉区域种植区域分布广,结构和比重都相对较合理。

　　棉花生产包括残膜回收、耕整地、种植、田间管理、收获、储运与加工等主要作业环节。由于诸多因素的限制,我国棉花生产机械化水平还很低,各棉区间、各生产环节间机械化水平差异大,部分棉区机械化生产还处于刚刚起步阶段。棉花生产全程机械化是一项系统工程,机械采摘是其关键,立足机采棉技术,从品种培育入手,注重农机农艺融合;采用系统化的研究策略,研究棉花品种选育、播种、植保、化控、机械收获等各环节的关键技术,确定便于机械化作业的棉花轻简栽培模式;通过试验示范制定棉花机械化生产的技术规范和配套装备的作业质量标准,进行具有区域棉花生产特点的棉花生产全程机械化技术体系研究,全面提升棉花生产机械化水平。

　　本书系统地介绍了棉花产业的经济地位,分析了我国棉花生产状况、分布特点和国内外棉花生产机械化现状,包括我国主要产棉区在推广机械化过程中品种、种植模式的选择,田间管理、植保化控、脱叶催熟、机械采摘、棉秆收获、残膜回收、棉花机采后的管理与加工等环节关键技术研究的最新成果及装备选型;提出了在收获和加工过程中最大可能减少棉花损伤,保证其品质,提高机采籽棉加工质量的途径和措施。最后,对棉花生产机械化的发展趋势进行了展望。

本书作者长期从事棉花生产机械化研究,在梳理、总结多年研究成果的基础上,以棉花从种到收的时间顺序为主线,撰写和编辑此书。本书可作为棉花生产机械化的推广参考资料,也适合农业机械化专业的学生和技术推广人员阅读。

本书由石磊任主编,李亚兵、张爱民任副主编,参与本书编写的老师还有孔凡婷、王孝刚、孙冬霞、刘向新、张玉同、杜明伟、别墅、夏俊芳、韩迎春等。在此向为此书撰稿、统稿、编辑等做出贡献的各位学者表示衷心的感谢。

由于编者水平有限,研究还不够深入,书中不足之处在所难免,恳请读者批评指正。

编　者

2017 年 8 月

目　录

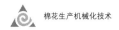

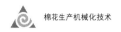

第1章 导 论

1.1 棉花产业在国民经济中的地位

一直以来,棉花都是我国的重要农产品,是包括流通、轧花、纺纱、织布、印染、服装制作、消费及棉副产品加工与利用等环节的重要原料。棉花生产为我国一亿棉农提供经济收入和生活来源,尤其是随着人们生活水平的提高和社会经济与技术的进步,作为人们生活的必需品,棉花及其制品的消费将进一步增加。

1.1.1 棉花生产在我国社会发展中的作用

我国是棉花生产大国,从 2000 年到 2014 年,棉花播种面积年均 496.6 万公顷,约占农作物总播种面积的 3.16%,占全球棉花播种面积的 15%(见图 1-1)。近年年均棉花产量为 616 万吨,占全球棉花产量的 25.3%。

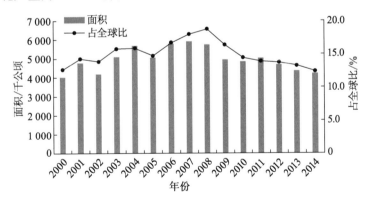

图 1-1 2000—2014 年全国棉花播种面积与占全球比变化

棉花商品率高达 90% 以上,这在粮、棉、油大宗农产品中是最高的。与粮食作物相比,棉花单位面积产值最高。2008—2014 年,棉花单位面积产值平均为稻谷的 1.48 倍,为小麦的 2.12 倍,为玉米的 1.84 倍。棉花是产区农民和地方财政的主要经济来源。过去 30 年,棉花主产品产值占农业总产值的平均值为 4.9%,最高占 9.5%。由表 1-1 可见,棉花生产作为主产区重要经济收入的来源是无可替代的。

表1-1 棉花与主要粮食作物产值比较

年份	稻谷/(元/hm²)	小麦/(元/hm²)	玉米/(元/hm²)	棉花/(元/hm²)
2008	13 510.80	9 945.90	10 240.05	15 948.90
2009	14 014.80	10 762.65	10 897.05	21 600.45
2010	16 146.75	11 262.00	13 084.20	34 617.30
2011	19 023.75	12 453.00	15 409.80	26 699.10
2012	20 112.45	12 775.95	16 828.50	29 474.85
2013	19 588.50	13 528.95	16 343.40	29 437.80
2014	20 720.70	15 794.40	17 185.65	23 881.80

注:hm² 是面积单位,表示公顷,一般用于土地面积的计算。

棉花生产与纺织工业的发展有着紧密的联系,国内棉花生产为纺织服装业发展保驾护航的责任无可替代。

1.1.2 棉副产品及其开发利用价值

棉副产品分棉籽和棉秆两大部分。皮棉、棉籽和棉秆的质量比约为 1:2.63:5(按衣分38%),即每获取 100 万吨皮棉同时可获得 263 万吨棉籽和 500 万吨棉秆(包括落叶)。

棉籽经过不同工序的加工后,可分别获得棉短绒、棉籽饼、棉籽壳、棉籽油、棉籽蛋白、棉籽饼粕、棉酚等副产品。棉短绒可用于制造高级纸、无烟火药和无纺布等;棉籽饼可作反刍动物的饲料,经脱棉酚处理后可作精饲料;棉籽壳(皮)是培养食用菌的好原料;棉籽油是我国继油菜、大豆和花生之后的第四大食用植物油。若按全国常年棉籽产量 1 000 多万吨计算,可榨棉油 160 多万吨;按粗加工原油产值 4 000 元/吨计算,年产值达到 64 亿元;经过精炼棉籽油配制成色拉油,其产值可进一步增加,且棉籽含油率一般在 18% ~20%,脱壳后的棉籽仁含油率超过 30%,高于玉米、甜高粱等作物,适合制备生物柴油。以棉籽仁榨油为原料制备生物柴油,其产率高达 95% 以上。棉籽副产品能提取 100 多种化合物,可生产 1 200 种化学物质,如棉酚可作男性避孕药等。同时,棉籽副产品还可进行多种精细化加工,进入医药和食品行列。棉秆皮经过化学工艺处理,可生产天然纤维用于特色编织物的制作等。另外,棉秆由于热值高,可用作生物质能源发电。棉秆含纤维素和木质素为82%,棉籽壳为 66% ~80%,是生产生物炭或生物油的适宜材料。适宜的炭化温度和时间下,棉秆生物炭的平均产率可超过 40%。

综上,棉花的副产品多,在综合利用上仅次于石油副产品,目前利用产值达到

160亿元。而当前棉花主、副产品的增值关系仅为1:0.44,通过棉副产品深加工和精加工利用的增值潜力仍然很大。据测算,棉副产品综合利用率每提高1%,则每年共计可增值10多亿元。因此,加大棉副产品综合利用的力度,提高棉副产品的经济利用价值,可进一步提高植棉效益。

1.1.3 棉花产业经济特点

棉花是纺织工业的重要原料,纺织业是我国传统的支柱产业,是社会就业、出口创汇和农民致富的重要产业。纺织业既是农业与工业的连接点,又是轻工业与重工业的连接点,是国民经济的重要支柱产业和民生产业,为增加全社会就业和出口创汇做出重大贡献。从2000年至2011年,规模以上纺织企业产值占全国规模以上企业工业总产值年均为4.95%(见表1-2),在全国工业中占据重要经济地位。

表1-2 规模以上纺织企业产值占全国规模以上企业工业总产值比率

年份	2000	2001	2002	2003	2004	2005	2006	2007	2008	2009	2010	2011	年均值
纺织业占比/%	6.01	5.89	5.78	5.42	5.24	5.04	4.84	4.62	4.22	4.19	4.08	4.08	4.95

数据来源:国家统计局。

在纺织工业快速发展的同时,我国棉花消费量也呈现增长态势,消费量从2000年的525.9万吨增长至2007年的1 090万吨,增长了1倍多;此后由于全球经济下滑及棉价大幅波动等因素,棉花消费量逐步下降(见图1-2)。然而,我国依旧是主要的棉花消费大国,占全球棉花消费总量的比例从2000年的26%提高到2014年的32.5%,期间年平均占比达到35.2%,且2007年最高达到40.8%。

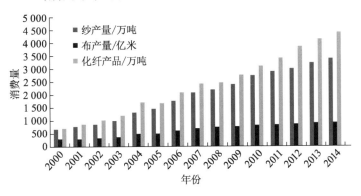

图1-2 2000—2014年我国纱、布和化纤产品产量变化

目前我国已经建成完整的纺织工业体系,成为全球最大的纺织服装生产国、消费国和出口国。实践证明,纺织原料主要依靠国内生产,对建立和完善纺织工业体系起到至关重要的基础作用,我国正从纺织大国向纺织强国迈进,棉花生产及整个棉花产业将发挥越来越重要的作用。

由于棉花产业是技术密集型、资金密集型及典型的劳动密集型产业,因而为社会提供了大量的就业岗位和就业机会。棉的产业链条很长,棉花生产、加工、纺织制衣、流通、贸易和检验等提供的劳动力就业机会更多。全国有1.6亿多人从事棉花或与棉花相关的产业和事业,棉花生产为农民提供了大量就业机会。

考虑到随着人民生活水平的不断提高及农村人民生活水平的全面改善,农村纺织品消费量将会出现一个质的飞跃,再加上由于经济收入的增加和富裕程度的提高,人们对天然纤维产品的偏好增加,更加趋向于回归自然,返璞归真,特别是内衣、衬衣、被单、毛巾等制品更是要求100%的纯棉。

1.2　我国棉花生产状况

棉花,双子叶植物、锦葵科、棉属,是唯一一种能够由种子长出纤维的农作物,好光、喜热、忌渍、耐旱,适合在土层深厚、通气性好的土壤环境中种植。全球种植棉属中包括许多品种,主要栽培品种有4个,分别为陆地棉、海岛棉、亚洲棉和草棉。栽培最为广泛的是陆地棉,其种植面积约占全球总种植面积的94%,产量约占世界棉花总产量的90%。陆地棉原产于高温、干燥、少日照的亚热带和热带荒漠地区,是多年生的木本植物,其品质中上等,细度一般,马克隆3.5~5.0,强力中上等,单产高,种植区域广泛,在气候温和地区均可种植。海岛棉占全球种植面积6%左右,品质优良,细度较细,马克隆3.3~4.0,强力较大,但产量低于陆地棉,对种植区域气温的要求较高。亚洲棉与草棉只有极少量种植面积,品质较差,产量低,但抗旱能力极强。

1.2.1　棉花种植分布现状

棉花不是中国原产,在国外已有亚洲棉(G. arboreum)和草棉(G. herbaceum)2个栽培种。经考古证明,亚洲棉在印度广泛种植,后来一路向东传播到东南亚各国及中国。在中国,首先在华南种植,然后北上至长江流域、黄河流域。草棉原产非洲,最先传播到阿拉伯一些地区种植,然后传入中亚细亚的伊朗、巴基斯坦,最后传入中国新疆。

我国东临太平洋,位于亚洲东部,在气候上兼具海洋和陆地的气候特点,且我国幅员辽阔,自然资源丰富,自然环境类型多样,宜棉区域广阔:从北纬18°~46°,东经73°~125°,东起吉林东南部和长江三角洲,西至新疆的和田和喀什地区,南起海南岛,北至新疆玛纳斯流域和伊犁河谷的霍城县,西扩起内蒙古西端的阿拉善盟到新疆塔城的和布克赛尔蒙古自治县。除了青藏高原和黑龙江受热量条件限制不能植棉以外,棉花种植遍及28个省市区。在全国产棉省市区之中,棉田面积在

40万公顷及以上的省市区有7个,分别是新疆、山东、河南、河北、湖北、安徽和江苏,这7个省市区是全国棉花主产区,面积占全国的70%,总产占全国的80%。总体上来看,我国热量资源分布由北向南不断增加,降雨量从西北内陆向东南沿海迅速增加,造成我国不同棉区间存在明显的地域性差别,因此,棉花品种和种植模式也呈现出多样性变化。根据气候及种植模式的不同,现我国棉花种植区域通常划分为三大产棉区,分别是长江流域地区、黄河流域地区及西北内陆地区。1992—2015年三大棉区面积和总产走势如图1-3和图1-4所示,具体数值见表1-3和表1-4。

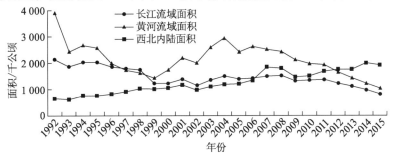

图1-3　1992—2015年三大棉区面积走势

表1-3　1992—2015年三大棉区面积　　　　　　　　　　　　　　千公顷

年份	1992	1993	1994	1995	1996	1997	1998	1999	2000	2001	2002	2003
长江流域	2 136	1 873	2 040	2 032	1 877	1 799	1 753	1 235	1233	1 408	1 162	1 369
黄河流域	3 936	2 447	2 682	2 584	2 002	1 754	1 636	1 445	1743	2 197	2 025	2 618
西北内陆	656	619	765	761	819	905	1 033	1 027	1 047	1 187	984	1 108
年份	2004	2005	2006	2007	2008	2009	2010	2011	2012	2013	2014	2015
长江流域	1 503	1 395	1 427	1 512	1 523	1 329	1 352	1 390	1 241	1 134	987	810
黄河流域	2 962	2 431	2 626	2 541	2 427	2 148	1 977	1 945	1 666	1 442	1 237	1 054
西北内陆	1 205	1 225	1 345	1 862	1 792	1 465	1 509	1 686	1 769	1 759	1 991	1 930

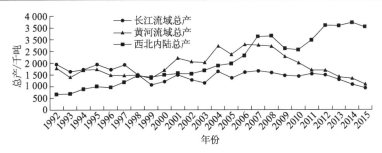

图1-4　1992—2015年三大棉区总产走势

表 1-4　1992—2015 年三大棉区总产　　　　　　　　　　千吨

年份	1992	1993	1994	1995	1996	1997	1998	1999	2000	2001	2002	2003
长江流域	1 962	1 621	1 700	1 966	1 741	1 932	1 512	1 079	1 206	1 525	1 289	1 142
黄河流域	1 807	1 391	1 713	1 753	1 474	1 462	1 496	1 338	1 684	2 226	2 069	2 016
西北内陆	685	693	900	1 017	966	1 184	1 461	1 397	1 513	1 557	1 547	1 687
年份	2004	2005	2006	2007	2008	2009	2010	2011	2012	2013	2014	2015
长江流域	1 654	1 355	1 621	1 694	1 605	1 476	1 450	1 568	1 505	1 290	1 083	939
黄河流域	2 752	2 365	2 795	2 774	2 720	2 280	2 023	1 692	1 691	1 405	1 347	1 114
西北内陆	1 893	1 985	2 317	3 142	3 149	2 620	2 555	2 974	3 620	3 588	3 741	3 547

　　长江流域棉区主要分布在长江中下游沿江、沿海和滨湖平原。该区域为亚热带气候,湿润、热量足、光照好,适宜栽培中熟陆地棉,实行粮棉套种,一年两熟或多熟。该棉区占全国植棉面积约 25%,产量约占全国植棉总量的 22%。

　　黄河流域棉区主要分布在河北长城以南、河南、山东、山西南部、甘肃陇南等地区。该区域为半湿润季风区,气候温暖、热量足,适宜栽培中早熟陆地棉,实行一年一熟或粮棉两熟套种。该棉区占全国植棉面积约 40%,产量约占全国植棉总量的 37%。

　　西北内陆棉区主要分布在新疆、沿黄灌区及甘肃河西走廊。该区域日照条件优良,气候干燥,昼夜温差大,有利于棉株生长和吐絮,产出比高,适宜栽培中早熟陆地棉(长绒棉),采用一年一熟制种植方式。该棉区已成为我国最具实力且发展潜力最大的棉区,占全国植棉面积约 35%,产量约占全国植棉总量的 41%。

1.2.2　棉花生长阶段及影响因素

1.2.2.1　棉花的生育期

　　棉花从播种到收花结束的时期为大田生长期。中熟陆地棉的生长期在长江流域棉区一般为 200 天左右,早熟品种则为 140 天左右。黄河流域棉区棉花的生长期一般比长江流域少 5～10 天。西北内陆棉区的大田生长期则与所处生态区有关。南疆棉区与黄河流域棉区相似,北疆棉区由于进入吐絮期后气温下降快,大田生长期明显缩短,一般比内地少 20 天左右。从出苗到开始吐絮的时期为生育期。中熟陆地棉的生育期一般为 130 天左右,早熟品种一般为 110 天左右。按棉花各器官依次形成的时间顺序,可将棉花的生长阶段划分为 5 个时期:播种出苗期、苗期、蕾期、开花结铃期和吐絮成熟期。

（1）播种出苗期

从播种到子叶出土平展为播种出苗期。露地直播棉花一般在4月中下旬播种,经7～15天出苗。地膜覆盖和塑料薄膜保温育苗播种至出苗期较短,为5～7天。棉籽的发芽和出苗除需要较好的内在品质外,还需要良好的外界环境条件,适宜的温度、水分、土壤和氧气可加速种子的发芽和出苗。当棉苗出土后,子叶展平的棉苗数达10%时为始苗期,出苗达50%的日期为出苗期,出苗达80%的日期为齐苗期。棉花种子萌发时,体内各种储藏物质在酶的作用下分解,转化为供种胚生长的物质。这些过程都需要在一定的热量条件下才能进行,棉花种子萌发的最低温度为10.5～12 ℃,最高温度为40～45 ℃,最适温度为28～30 ℃,所需的活动积温为150～250 ℃。棉花种子在最高、最低温度范围内,温度越高,萌发越快。

影响棉花出苗的因素有很多。相同的种子,播种时间和播种方式不同,出苗情况相差很大;春棉田一定要在冬季深犁冬翻,使土壤松软,增加土壤的透气性。在土壤手握成团、落地散开时开始整地为宜。棉田整地要求下实上虚,整块地无坷垃,平整均匀。棉花为双子叶植物,所以播种深度一定要适宜,不能过深,一般为2.5～3.0 cm底墒。棉田不浇蒙头水,所以在播种前一般浇透水,以确保棉花苗期及现蕾初期的需求。

（2）苗期

苗期包括幼苗期和孕蕾期,即从出苗至三叶为幼苗期,从三叶至现蕾称为孕蕾期。此阶段中熟品种为40～50天,早熟品种为30天左右,变幅较大。棉花种子和幼苗对低温有较强的耐受力:棉花出苗后,气温在4～5 ℃以上时,棉苗一般不受伤害,而低于这一温度时,棉苗极易受到伤害。棉花受低温的影响可分为冷害与冻害。一般而言,棉花幼苗遭受0 ℃以上的低温影响称之为冷害,而遭受0 ℃或以下的低温影响则称之为冻害。

为了一播全苗,促壮苗早发,有效防止春季低温对棉苗的伤害,在棉花生产上应采取相应的技术措施,以确保棉苗健壮生长:一是适时播种,生产上应根据棉籽萌发和出苗后棉苗正常生长所需的温度来确定适宜的播种期;二是覆盖增温,地膜直播和覆膜育苗移栽都可起到增温保苗的作用,采用育苗移栽的棉田,还可以通过在苗床上撒施草木灰、双膜覆盖、大棚增温等方法提高苗床温度防止冷害;三是加强田间管理,在棉苗生长期间通过中耕的方法,提高棉田土壤温度,促进棉苗根系生长,增加棉株抗逆能力,还可施用防寒剂或化学调控剂,抑制细胞生长,矮化植株,促进发根和植株健壮,提高其生理活性和光合能力,增加对低温的抗性;四是进行低温炼苗,以增加棉苗对低温的适应性和抗性。

（3）蕾期

棉花花芽经过分化发育长大,当棉株上出现第一个直径达到3 mm的三角形花蕾时,称棉株现蕾。当有 10% 的棉株现蕾时为始蕾期,现蕾棉株达 50% 时为现蕾期,现蕾棉株达 80% 时为盛蕾期。棉花从现蕾到开花的日期,一般为 25～30 天,变动的范围较小。现蕾后棉株外观上出现了生殖器官的生长,但主要仍以营养器官生长为主。

棉蕾的生长发育需要一定的热量条件,棉花现蕾的临界温度为 19 ℃,在 19～35 ℃的范围内,随温度上升,现蕾速度加快,蕾期至开花的日期缩短。在日平均温度为 27 ℃时,棉花从现蕾到开花需要 24～27 天;日平均温度为 28～29 ℃时,需要 22～24 天;温度在 30 ℃以上,仅需要 19～21 天。棉花苗期覆膜增温,能促进棉花早现蕾,使有效蕾期延长。

(4)开花结铃期

从开花到开始吐絮叫花铃期,一般为 50～70 天。当有 10% 的棉株开花结铃时为始花期,开花结铃棉株达 50% 时为花铃期,开花结铃棉株达 80% 时为花期。这一时期是棉花营养生长和生殖生长两旺的时期。

温度影响棉花花铃期植株生长,影响蕾、铃发育和有效结铃期的长短。温度与单铃重和纤维品质显著相关。棉花开花要求的最低温度为 23 ℃,适宜温度为 25～30 ℃,过高和过低的温度都不利于开花。气温过高,妨碍棉株正常的光合作用;而平均温度高于 30 ℃,特别是夜间温度高于 30 ℃,大多数陆地棉品种雄蕊发育不正常,影响受精作用,铃重下降。气温过低,棉铃代谢作用受到限制,叶片光合产物不能顺利地运送到棉铃,棉铃不能正常发育;低于 23 ℃可能引起雌蕊异常,以致不能受精。

(5)吐絮成熟期

当有 10% 的棉株吐絮时为始絮期,吐絮棉株达 50% 时为吐絮期,一般 70 天左右。这一时期是棉花营养生长逐渐停止,生殖生长逐渐减弱的时期。棉花的生育期和生育进程因种植方式和种植制度而有较大变化。育苗移栽棉花和地膜覆盖棉花播种较早,出苗快,即播种出苗期和苗期明显缩短,因此现蕾开花也较露地直播棉早,花铃期延长。一般情况下,育苗移栽棉花比露地直播棉生育进程提早 10～15 天,地膜覆盖直播提早 10 天左右。不同的茬口也影响棉花生育期的长短。在长江流域棉区,棉花通常采用麦棉两熟、麦(油)后等的种植制度,麦棉两熟的棉花大田生长期通常在 200 天左右,麦(油)后棉花的全生育期在 190 天左右。

1.2.2.2 棉花的生育进程与产量、品质形成的关系

棉花产量和品质的形成是随生育进程逐步发育完成的,产量构成各因子及品质与棉花的生育阶段密切相关,保证棉花早发、稳长及早熟不早衰是获得棉花优质高产对棉花生育进程的基本要求。

（1）产量品质形成的基础阶段

苗期是棉花产量品质形成的基础阶段。棉花播种后保证一播全苗,促进棉苗生长,形成壮苗,才能使棉花具有合理的群体密度,从而形成棉花优质高产的基础。如果群体密度不合理,就不能促进棉花成铃率的提高,群体成铃数下降,产量不高。另一方面,群体密度不合理,棉花的中部和内围果结成铃率下降,就不能保证棉花质量。棉花苗期是有效花芽分化的重要时期,是决定棉花增结前期铃的主要时期。

（2）产量品质形成的敏感阶段

蕾期是棉花生育过程中产量和品质形成的一个敏感阶段。棉花生长特点表现为营养生长和生殖生长并进,营养生长越来越旺盛,生殖生长不断加强,但营养物质分配中心仍是营养器官中的新叶和新枝,因此在保证棉苗一定营养生长的基础上,促进花蕾和果枝的不断形成,减少棉蕾脱落,是保证形成较多伏前桃和伏桃的关键。另一方面,蕾期形成的花芽又是形成秋桃的基础,秋桃是棉花获得高产的必要补充,营养生长不足或生殖生长过强,均会影响秋桃的形成。因此,针对蕾的生长特点,采取促控结合的方法保持棉苗的发棵稳长,是促进棉花早熟、实现优质高产的重要手段。

（3）产量品质形成的关键阶段

花铃期是决定棉花产量构成因子中铃数、铃重及纤维品质的关键时期。这一时期既是棉花营养生长和生殖生长的两旺时期,又是营养生长与生殖生长矛盾最为激烈的时期。盛花前以营养生长为主,盛花后则转入以生殖生长为主。因此,在盛花前继续防止棉苗旺长,防止群体过大提早封行,引起蕾铃大量脱落是这一阶段的重点内容。进入盛花后,棉株大量开花结铃,到结铃盛期,蕾铃积累的干物量占地上部干物量的 40% ~ 50%,蕾铃增长干物量占开花到结铃盛期增长干物量的 60% ~ 80%,这时,保证充足的营养,防止早衰是多结伏桃,增结秋桃,结大桃的关键,是提高铃重和纤维品质的关键阶段。

（4）产量品质形成的巩固阶段

吐絮期棉花生长发育开始衰退,根系活力下降,这一阶段是决定棉株中上部铃重和品质的主要时期,在栽培上为产量与品质形成的巩固阶段或增强阶段。棉花进入吐絮期,虽然棉株下部棉铃开始成熟吐絮,但中上部棉铃仍处于充实和体积增大阶段,因此这一时期的栽培管理对棉花的产量和品质仍有较大的影响。此外,这一时期若遇阴雨低温,过旺的营养生长和较大的叶面积往往容易使下部棉铃发生病害,造成烂铃。遇阴雨多的年份烂铃率可达20% ~ 30%,严重降低了棉花的产量和品质。因此,在吐絮期保持棉花不迟熟贪青、不早衰,是实现棉花优质高产的保证。

（5）地下害虫

地下害虫的危害可造成田间缺苗断垄，特别是地老虎、蝼蛄等地下害虫。地老虎可24小时昼夜进食，一定要加强防治。

（6）化学抑制作用

由于上茬农作物的农药残留或除草剂的残留，或是上茬农作物产生的微生物等物质的影响，可能影响到棉花的正常出苗。很多情况下，棉花出苗不好的原因并不是种子在地里不发芽，而是发芽以后还没有出土就开始烂芽。同样的种子用种衣剂包衣，抗菌效果好，烂芽轻，出苗情况得到改善；而用劣质种衣剂包衣的种子，在土里时间长，劣质种衣剂抗菌效果差，烂芽现象严重，导致出苗不好。总之，若棉花不能正常出苗，则不能保证棉田棉苗的苗匀、苗齐。棉花缺苗时会给后期棉田的管理工作带来不便，所以要做好前期工作，保证棉苗顺利生长发芽。

1.2.2.3　种子发芽率和发芽势

种子质量不好是出苗不好的另一个重要原因。种子的发芽率和发芽势是确保苗匀、苗齐的基础，应该以发芽势估计田间出苗率，把发芽势作为检验种子质量的第一指标。发芽率和发芽势好的棉种出苗快，所以在播种前要试验棉花种子的发芽率和发芽势，以确保全苗。

1.2.3　我国棉花生产组织方式

棉花生产组织方式关系到棉花的生产效率，决定棉花产业的生产效益，对棉花产业能否健康、持续发展有重要作用。因此，探索我国棉花现代生产组织方式与生产规模有重要的现实意义。棉花现代生产组织方式主要有兵团农场生产组织方式、农业合作社生产组织方式、家庭农场生产组织方式。这几种方式各有优点，生产规模不一，是现代棉花生产的重要组织形式。

1.2.3.1　兵团农场生产组织方式

兵团农场生产组织方式存在于我国的西北内陆棉区的新疆。兵团农场的棉花生产支持着兵团的经济发展和职工的生活改善，其总产占新疆棉花总产的43.6%，是兵团的支柱产业之一；现已有11个植棉师，110个植棉团场，占新疆兵团团场总数的63%；棉花产值占兵团农业总产值的55%，其总产占全国总产的19.6%，人均棉花产量、商品率居全国第一。生产规模大、机械化水平高、投入高、产值高是其显著特点。

新疆棉花生产正处于转型期，环境的转变、发展方式的转变将成为棉花生产能力提升的助推器。目前，规模化经营、机械化生产、水利化保障、社会化服务的生产发展模式正在推进，自动化控制、信息化管理的生产发展模式正在试验、示范。新疆兵团现代农业生产实践经验表明，棉花生产模式建立在规模化、机械化、水利化、自动化、信息化基础上,新疆将大力推进精准植棉集成技术,积极推进土地流转,使棉花生产向适度规模化转变,壮大农业合作社等社会化服务组织,同时建立高效的棉花产业集群、营造开放的市场环境、制定优惠的棉花生产扶持政策,使现代植棉业具有更好的发展环境。

1.2.3.2 农业合作社生产组织方式

近年来,我国农民专业合作组织有了较快的发展,据有关部门统计,全国各种类型的专业合作社已超过千万个,对促进我国农业和农村经济发展正在发挥日益重要的作用。我国虽然是农业大国,但同发达国家相比,我国农业生产水平相差很大。实现由农业大国向农业强国的跨越,必须推进农业从传统发展模式向现代发展模式转变,而发展专业合作社是实现我国农业产业化经营的重要途径。专业合作社具有生产规模和机械化水平较高、投入中等、产值较高、生产方式灵活多样等显著特点。

兴办棉花专业合作社使棉花生产产业化成为可能,通过组建棉花专业合作社,提高棉农的组织化程度,逐步实现棉花生产集约化。棉花合作社能引导棉农实现集约化生产、规模化经营,使个体能人变为能人群体,增强带动能力,成为推动棉花产业化进程的劲旅。

1.2.3.3 家庭农场经营方式

传统农业以家庭为单位的小农生产,在实施棉花标准化过程中无法应对自然风险与市场风险,无法作为市场主体参与农产品的市场竞争,棉花种植规模化是未来一个必然方向。职业化使棉农掌握必要的专业技术,农业装备精良化造就新生代棉农。结合土地流转模式,有效发展家庭农场经营模式,建立百亩、千亩棉花家庭农场。

第 2 章 主产棉区棉花生产模式及特点

我国幅员辽阔,自然环境类型多样,地域差异大,宜植棉区域广阔。然而,各宜植棉区域气候类型多样,生态、生产、耕作制度和复种指数、品种熟性和保护栽培措施差异很大,因此科学划分棉区,对植棉业的科学规划、结构调整和布局转移,对商品棉基地建设、资源利用、耕作制度改革和优化种植模式、品种选育和利用、规范化栽培和机械化、智能化管理、科学试验研究和技术开发都具有重要的指导意义。

2.1 我国主产棉区结构特点

新中国成立以来,全国棉花种植区域分布经历了 2 次结构性调整和转移,到 21 世纪前 10 年,全国植棉区域相对集中,形成了几个集中种植带,棉区分布呈现长江流域棉区、黄河流域棉区和西北内陆棉区"三足鼎立"结构。然而,面对我国耕地逐年减少、人口逐年增加的基本现实,既要不断满足全民日益增长的粮食需求,又要保证棉花的有效供给。因此,为满足国内消费用棉的基本需求,保障我国棉花安全,棉区"三足鼎立"的结构正在被逐步打破,西北内陆棉区棉花总产占全国棉花总产的一半以上,以新疆为主的西北内陆棉区逐渐成为我国最重要的植棉区域和最大的棉花生产区域。

2.1.1 棉区转移和布局结构

经过多年发展,中国目前主要有三大产棉区域,即西北内陆棉区、黄河流域棉区和长江流域棉区。其中,长江中下游、黄淮海平原为粮棉的重叠产区,是水稻、小麦、玉米等粮食作物的生产大区,历年粮食产量占全国粮食总产的比重超过50%。长江流域棉区粮食面积和产量分别约占全国的 23.3% 和 25.4%;长江中下游流域棉区是中国的传统棉区之一,本区域水资源丰富,无霜期长,有利于棉花生长,由于雨水偏多,日照不足,棉花品级不高,但内在质量较好。黄河流域棉区粮食面积和产量分别约占全国的 29% 和 27%;本区域热量条件好,水资源丰富,土壤肥沃,是我国重要的商品棉基地。黄河流域棉区原为中国最大的产棉区,棉花面积最高占到总面积的 60%,近几年棉花生产出现滑坡。

西北内陆棉区在国家粮食生产布局中未列入粮食主产区,棉花产量占全国的一半以上,成为中国最大的商品棉生产基地,有力保障着国家棉花供给。新疆棉区是中国重要的出口棉基地,其中生产建设兵团种棉面积每年达 800 万亩,是我国棉花规模化生产水平最高的地区。生产建设兵团种植棉花具有大的农业合作社的特点,除棉农之外,生产建设兵团内还有专业的农机工、棉花加工企业、棉花收购企业。在生产建设兵团的大单位内,实现棉田统一播种、统一施肥管理、统一收获、统一加工销售,在生产建设兵团内部实现产业化经营模式。生产建设兵团这种统一的管理模式,不仅大大提高了棉花种植的劳动生产率,而且能有效降低各项成本,提高棉花质量。

为确保国家粮食安全和保障棉花产业可持续发展,国家提出棉花产业"东移、西进、北上"的战略调整布局,预计未来 10~15 年,我国将形成包括北方盐碱地、华北西北旱地、新疆干旱盐碱地和沿海滩涂地在内的新棉花带。把保障粮食安全建设的重点集中到粮食主产区,尤其是扩大中部粮棉主产区的粮食生产,有利于长期保证国家粮食安全。随着新疆棉花在国内棉花产业发展中地位的稳固提高,西北内陆棉区棉花生产继续优化结构、提升品质,将为国家粮食安全和棉花稳定供给发挥重要的战略作用。

2.1.2　我国主产棉区的农业自然条件

在全国棉花生产整体布局中,主要植棉产区按积温的多寡、纬度的高低、降水量的多少等自然生态条件,由南而北、从东向西逐步形成了黄河流域棉区、长江流域棉区和以新疆为主的西北内陆棉区为支撑的格局。我国主要棉区农业自然条件如气候资源、水资源及土壤生态条件、种植制度、品种熟性分布情况分别见表 2-1、表 2-2、表 2-3。

表 2-1　我国主要棉区气候资源

棉区	长江流域棉区	黄河流域棉区	西北内陆棉区
气候区	北亚热带湿润区东部季风区	暖温带亚湿润区东部季风区	温带及暖温带干旱、极干旱区西部大陆性气候
≥10 ℃积温/℃	4 600 ~ 6 000	3 800 ~ 4 900	3 100 ~ 5 400
≥10 ℃持续期/d	200 ~ 294	196 ~ 230	160 ~ 215
≥15 ℃积温/℃	3 500 ~ 5 500	3 500 ~ 4 500	2 500 ~ 4 900
≥15 ℃持续期/d	180 ~ 210	150 ~ 180	145 ~ 200
4—10 月平均气温/℃	> 23.0	19 ~ 22	16 ~ 25

续表

棉区	长江流域棉区	黄河流域棉区	西北内陆棉区
无霜期/d	> 200	180 ~ 230	150 ~ 220
年降水量/mm	1 000 ~ 1 600	500 ~ 1 000	15 ~ 380
年日照时数/h	1 200 ~ 2 500	1 900 ~ 2 900	2 600 ~ 3 400
年均日照率/%	30 ~ 55	50 ~ 65	60 ~ 75
年辐射量/(kJ/m²)	460 ~ 532	460 ~ 652	550 ~ 650

表 2-2　我国主要棉区水资源　　　　$10^8 m^3$

棉 区	地表水总量	地下水总量	水资源总量
长江流域	8 855	2 234	9 072
黄河流域	845	649	1 235
西北内陆	396	287	430

表 2-3　主要棉区土壤生态条件、种植制度及品种熟性

棉 区	长江流域棉区	黄河流域棉区	西北内陆棉区
主要土壤类型	潮土、水稻土、滨海盐土、红壤、黄棕壤	潮土、褐土、潮盐土、滨海盐土	灌淤土、旱盐垈盐土、棕漠土、灰棕漠土
种植制度	两熟,多熟区	两熟,一熟区	一熟,两熟区
复种指数	200%以上	100% ~200%以上	100% ~200%
品种熟性类型	中熟、中早熟陆地棉	中熟、中早熟和早熟陆地棉	中熟、中早熟、早熟、特早熟陆地棉,早熟和中熟海岛棉
棉田面积占全国比重/%	22 ~ 23	44 ~ 45	34 ~ 35
棉花总产占全国比重/%	19 ~ 20	40 ~ 41	38 ~ 40
棉花单产水平/(kg/hm²)	1 057	1 174	1 643

注:摘自《中国棉花栽培学》。

2.1.2.1　长江流域棉区农业自然条件

长江流域棉区热量条件较好,能满足棉花生产的水热需求;4—10 月平均温度 21 ~ 24 ℃;春季和秋季多阴雨,常有伏旱。土壤在平原地区以潮土和水稻土为主,肥力较好;丘陵棉田多为酸性的红壤、黄棕壤,肥力较差;沿海有大片盐碱土,适宜栽培中熟陆地棉。实行粮棉套种,一年两熟或多熟、棉麦套种,适宜栽植中熟陆地棉,棉花的病害严重。

（1）光、温、水自然资源

长江流域棉区地处中亚热带至北亚热带的温润区，热量充足，雨水丰沛，土壤肥力高，限制因素少，但日照条件差。无霜期大于 200 天，温度≥10 ℃活动积温持续有效天数 200～294 天，活动积温 4 600～6 000 ℃；长江流域棉区水资源丰沛，水资源总量 9 072×10^8 m^3，年降水量 1 000～1 600 mm，6—7 月持续约 1 个月的梅雨季节，棉花大多为"雨养"，以灌溉为辅；秋季大部分时间秋高气爽，日照比较丰富，年日照时数 1 000～2 100 小时，年平均日照率 30%～55%；上下游部分地区秋雨过多，日照时数少，导致棉花吐絮不畅、烂铃多，对成铃和收获有一定的影响。此外，夏季高温、高湿还会引起较多的病虫害，不利于开花成铃，往往影响所产棉花品级。

（2）土壤类型

本区棉田土壤类型有水稻土、潮土、红壤和盐土等，土壤肥力中上等；沿江、沿湖和沿海为冲积平原，土层深厚，养分丰富，保水、保肥能力强，有利于夺高产，但普遍缺硼和钾素；沿江丘陵土壤砂层浅，有机质含量低，保水、保肥能力差，棉花易前期早发，后期早衰，因此，要合理密植，依靠群体夺高产。

2.1.2.2　黄河流域棉区农业自然条件

黄河流域棉区棉花生长期间（4—10 月）平均温度 19～22 ℃，春秋日照充足，水热条件适中，有利于棉花生长发育和吐絮。降雨集中在 7—8 月，常有春季、初夏连旱，播前需重视贮水灌溉。秋季降温较快，不利于秋桃成熟和纤维发育。本区域水热条件适中，春秋日照充足，有利于棉花早发稳长和吐絮，但虫害及枯黄萎病较重，适宜栽培中早熟陆地棉，实行一年一熟或粮棉两熟套种。

（1）光、温、水自然资源

黄河流域棉区地处南温带的半湿润季风气候区，西部高原为荒漠和半干旱气候区。该区热量充足，无霜期适宜，日照好于长江流域棉区。主要气候特点：无霜期 180～230 天，西部 140～170 天；温度≥10 ℃活动积温持续有效天数 196～230 天，活动积温 3 800～4 900 ℃，西部 2 600～3 300 ℃。黄河流域水资源较相对缺乏，为半湿润干旱缺水区，水资源总量 1 235×10^8 m^3，年降水量 500～1 000 mm，但降水分布不均，且年际间和年内的变幅大，旱涝并发，西部 250～400 mm，棉花需要灌溉或补充灌溉种植；秋季大部秋高气爽，但后期降温较快，年日照 1 900～2 900 小时，年平均日照率 50%～65%，日照较为充足，热量条件好；西部高原较差，初夏多旱，伏雨较集中，且降水变率大，易导致花铃脱落，此问题在生产上不易解决。此外，黄河流域棉区气象要素的时空分布不均，降水的稳定性差，旱、涝、风、冻、雹等自然灾害频繁发生，这些因素均会对棉花的产量和品质产生不利影响。

（2）土壤类型

本区棉田土壤以壤质的潮土为主，海河平原地势低，滨海地带盐碱地较多，普遍缺磷,大多数土壤适于植棉。土壤类型以潮土、褐土、盐碱土为主,且有少量砂姜土和潮盐土。潮土一般呈中性至弱碱性,有机质含量较低,但土壤矿物质养分含量较丰富,加之土体深厚,结构较松,易于耕作管理,适应性广,是生产性能良好的一类耕种土壤;褐土存在于暖温带半湿润地区,发育于排水良好处,具有弱腐殖质表层,质地均匀,表层土壤一般质地较轻,多为壤质土,无明显犁底层,通气透水性和耕性良好,但由于腐殖质含量低、质地轻,保水保肥与供水供肥性能较低,往往作物生长后劲不足。

2.1.2.3 西北内陆棉区农业自然条件

近年来,西北内陆棉区植棉业发展迅速,已成为我国最大的产棉区,也是我国最具活力和发展潜力的棉区。本区年降水量不足,全靠灌溉植棉;日照充足,年日照时数高达 2 600 ~3 400 小时;热量条件好,气候干燥,昼夜温差大,有利于棉花稳长和吐絮,经济产量系数高。按热量条件,吐鲁番盆地(≥10 ℃ 积温 4 000 ~4 500 ℃)适于种植中熟海岛棉,南疆(≥10 ℃ 积温 4 000 ℃以上)适于种植中、早熟陆地棉和发展一部分中、早熟海岛棉,北疆(≥10 ℃ 积温 3 450 ~3 600 ℃)适于种植短季陆地棉。水资源矛盾和环境保护是本区棉花发展的主要限制因素。

（1）光、温、水自然资源

本区位于南温带及中温带的大陆性干旱区,范围广阔,气候资源差异大,海拔高度 1 500 m。无霜期 170 ~230 天,南疆平原无霜期 200 ~220 天,北疆平原大多不到 150 天;年均温度 11 ~12 ℃,4—10 月平均温度 17.5 ~20.1 ℃,南疆年平均气温 10 ~13 ℃,北疆平原低于 10 ℃,日平均大于 10 ℃的年累积气温,南疆平原 4 000 ℃以上,北疆平原大多不到 3 500 ℃;昼夜温差大,一般为 12 ~16 ℃,最大为 20 ℃;春季气温回升不稳,秋季气温陡降。西北内陆棉区为绿洲农业,需灌溉植棉;水资源紧缺,水资源总量 430×10^8 m³,年降水量在 250 mm 以下,气候干旱,年均相对湿度 41% ~64%,年蒸发量 1 600 ~3 100 mm;年日照 2 600 ~3 400 小时,光照充足,降水少,棉花种植宜密植提高产量。年日照时数分布规律是:从北向南略减,北疆的阿勒泰 3 001 小时,南疆的皮山 2 574 小时;由西向东增加,西部的霍城 2 828 小时,东部的星星峡 3 549 小时;北疆由于山地阴雨天多,从平原至山区的年日照时数减少,南疆平原浮尘、沙暴天气较多,从平原至山区的年日照时数增加。

新疆棉区年均天然降水量 155 mm,区内山脉融雪形成众多河流,绿洲分布于盆地边缘和河流流域,绿洲总面积约占全区面积的 5%,具有典型的绿洲生态特点。由于天山对冷空气南侵的阻挡,使天山成为新疆气候的分界线:天山的北部(北疆)属中温带,天山的南部(南疆)属暖温带,主要棉区分布在南、北疆的绿洲内。新疆棉区除热量资源稍逊于内地棉区,与国内其他棉区相比,具有很适合棉花生长发育、优质高产的气象条件。

（2）土壤类型

新疆植棉的土壤资源丰富,且在悠久的植棉历史中又积累了宝贵的土壤改良经验。新疆棉区土壤质地以壤土、中度黏土、沙质土为主。在塔里木河冲积平原和昆仑山北麓,土壤质地主要是沙壤土或轻壤土;在准噶尔盆地北部的两河流域,土壤质地主要是沙土或沙壤土。

新疆棉区土壤质地分布有一定规律,呈南粗北细趋势,即南疆棉区土壤质地相对北疆较粗,沙性土壤面积大,以轻壤土、中度黏土、沙质土为主,且土层深厚、土质疏松、土地平坦、宜棉地带广阔,适宜机耕和灌溉。但土壤以灰漠土和棕漠土为主,均有不同程度盐渍化,并呈强碱性反应,土壤有机质含量属于中低产土壤范围。土壤地力瘠薄,水资源贫乏,限制了棉花生产的发展。土壤有机质含量的分布也呈现南低北高趋势。棉区大都分布在河流两岸的冲积平原、三角洲地带和沙漠周缘的绿洲。土层深厚,质地疏松,土壤普遍积盐,均有不同程度的次生盐渍化,抑制出苗和生长,严重致死。盐碱土壤是新疆棉花生产发展的主要限制因素之一。新疆棉区土壤盐渍化面积约占总耕地面积的 33%,其中,南疆四地州盐渍化面积达到61.5 万公顷,占耕地面积的 43%。

因此,全疆棉区大多数耕地土壤培肥地力的重点任务是提高土壤有机质含量,这在南疆棉区尤为重要。新中国成立以来,经过多年有效改良,许多盐碱土壤已被改良成高产、稳产棉田,从而为新疆棉花生产的发展提供了良好的土壤条件。

（3）优势

西北内陆棉区具有发展棉花产业的生态资源优势。一是日照时间长。棉区4—9 月日照 1 460～1 980 小时;日照百分率 60%～80%,比长江、黄河流域棉区高10%～20%;年辐射量 550～650 kJ/m²,比长江、黄河流域棉区多 100～150 kJ/m²;尤其是秋季晴朗天气多,光照条件好,极有利于形成棉絮洁白、富光泽的优质棉。二是气候干燥。年降水量 30～280 mm,吐鲁番为 16 mm。三是昼夜温差较大(多数棉区为 12～16 ℃),有利于加快棉花的干物质积累,提高经济系数,进而提高棉花的产量和品质。虽然西北内陆棉区热量不如长江流域和黄河流域,但能满足早熟棉和早中熟棉的要求。四是冬季寒冷,可以大量杀死或抑制潜伏在土壤中过冬的害虫和病菌,病虫害较轻,棉田病虫害种类较少。五是灌溉农业提高了气候资源的有效性。新疆棉区降雨少,土壤水分不足是棉花生产的制约因素,但新疆雪山面积大、灌溉水资源比较丰富,以农田水利设施为支撑的灌溉农业发展很快。近年来,新疆水资源开发力度加大,特别是一些节水设施、节水技术及重大调水工程的推广和实施,必将扩大后备耕地资源的数量,为新疆发展棉花生产提供丰富的土壤资源。六是光能利用率高,高温、辐照重叠期长。光照和温度都是影响棉花生长发育的重要气象因素,在对棉花的生长发育产生影响时,它们之间具有互补和累加效应。七是水资源配合,提高气候资源的有效性。新疆地区多干旱少雨,相对来讲,夏季是新疆水资源最丰富的季节,灌溉用水是由热资源少而水多的山区引向光热资源丰富而水少的山前平原与盆地,加之荒漠对绿洲增温效应在夏季表现最强,使新疆特殊的生态系统具备良好的水热耦合性。这种良好的水热耦合性极大提高了气候资源的有效性,进而形成了新疆棉花生产的巨大潜力,同时,也为棉花的高产、优质、高效提供了有效的保证。

作为我国最大的产棉区和最大的优质棉生产基地(也是中国唯一的长绒棉产区),西北内陆棉区棉花生产具备得天独厚的气候条件。

2.2 我国主产棉区生产及管理特点

2.2.1 主产棉区生产特点

2.2.1.1 长江流域棉区生产特点

长江流域棉区是全国棉花主产区之一,本棉区棉田土壤肥力中上等,沿江、沿湖和沿海为冲积平原,土层深厚,养分丰富,保水保肥能力强,有利于夺高产,但普遍缺硼和钾;沿江丘陵土壤耕层浅,有机质含量低,保水保肥能力差,棉花易前期早发,后期早衰,因此,要合理密植,依靠群体夺高产。本区棉田实行畦作,厢沟、腰沟、围沟和排水沟"四沟"相配套,畦或垄作抬高田面,便于排水和灌溉。

本区域经济相对发达,劳动力不足,当前和今后棉花生产的问题主要是劳动力成本高,由于管理跟不上,提高单产难度加大。产业发展上要加快发展现代植棉业,努力攻克棉麦(油)的双高产技术,急需解决棉花工厂化育苗、机械化移栽和机械化收获的关键技术,培育抗病、抗虫的高产品种,实行机械化采收。

(1)主要种植模式

本区棉田两熟和多熟种植,前作以油菜和小麦为主,也有大麦、蚕豆、大蒜和洋葱等。棉花以育苗移栽为主,也有地膜覆盖及育苗移栽加大田地膜覆盖。棉田两熟、多熟采用套种(栽),形成油棉"双育双栽"或麦套棉的套栽模式;前作油菜或小麦田预留棉行,油菜9月育苗10月移栽进入棉田,小麦或大麦10月播种,棉花3—4月育苗,4月下旬5月初套栽油菜或麦田,5月中下旬收获油菜和小麦,复种指数200%。20世纪90年代前、中期,由于集约化和规范化程度不断提高,又形成麦—菜—棉,油—菜—棉和豆—菜—棉一年三熟、四熟的间套作,曾占棉田面积的30%,还形成"三育三栽"模式,复种指数300%。近年来,随着经济发展、农村轻壮劳动力的转移,简化棉田管理成为大趋势,育苗移栽、套栽等传统栽培技术在逐步被油/麦后直播早熟棉花的简化种植模式所替代,逐步形成油/麦棉两熟连作的种植模式。该模式适合机械化操作,但存在棉花晚熟、产量下降、早熟性没有保证、生产品质差等问题。

（2）株行距配置

长江流域棉区（麦后或油后直播棉）采用行距 76 cm、株距 15～20 cm 播种，即"带状种植模式"（见图 2-1）。带状种植方式是为适应采棉机作业，提高采棉机采收工效而研制的行株距配置方式。（66+10）cm 模式是将棉种播在一个 10 cm 宽的播种带内，每带播 2 行，行内株距根据种植密度确定，一般 10 cm 左右；行间棉株呈锯齿状排列。理论密度（66+10）cm 模式一般达到 18.0～21.0 万株/hm²；76 cm 等行距模式一般达到 10.5～12.0 万株/hm²。

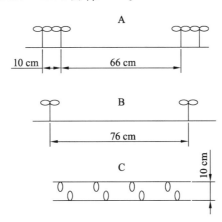

A，B—带状种植模式；C—带内棉株分布

图 2-1　带状种植模式与带内棉株分布

（3）棉花品种类型

长江流域棉区品种熟性为中熟类型。20 世纪 80 至 90 年代种植常规种，90 年代后期由常规种向杂交种过渡。本区是轻外源 Bt 基因抗虫棉的环境释放区，自育系列 Bt 棉杂交种种植基本普及。此外，高品质棉有较大种植面积，彩色棉杂交种间有种植。据中国棉花生产监测预警数据可知，本流域种植的品种数量，2008 年 258 个，比 2007 年增 13.3%；2009 年 240 个，比 2008 年减 7.0%，两年杂交种分别为 218 个和 169 个。

（4）种植密度

本区域棉花收获密度不断减少，据中国棉花生产预警监测数据可知，自 2002 年以来，以每年 1 500 株/hm² 的速度减少，收获密度由 20 世纪 80 年代的 60 000 株/hm² 下降到 2007 年的 24 555 株/hm²，2009 年收获密度 22 125 株/hm²，典型稀植的棉花收获密度仅 15 000 株/hm²。由于稀植呈现"大个体、大群体"的明显特征，加上连作移栽面积大，是单产不断下降的主要原因之一。近年来，由于种植模式改为油/

麦后直播,棉花品种由中熟改为中早熟和早熟品种,长江流域棉区的种植密度回升至 60 000 株/hm²。

本区域机采棉种植密度应根据棉花品种果枝类型设置,零式果枝或短果枝类型品种密度为 82 500 ~ 97 500 株/hm²、无限果枝类型品种密度为 60 000 ~ 75 000 株/hm²。

(5)群体特征

棉花具有无限生长特性,主茎和侧枝的顶端均具有无限生长的能力,叶腋中的各个潜伏芽在环境适宜时具有萌发的能力。这种无限生长和再生的能力为棉花个体产量的不断提高提供了巨大的潜力,但棉花的生产是群体生产,个体的过分发展又容易导致群体和个体矛盾的激化。在相同水肥条件下,由于群体大小的不同,造成棉花的产量差异比禾谷类要大得多。

长江流域棉花一般稀植,属"大个体、大群体"。盛花后棉株生长进入以生殖生长为中心,提高盛花后干物质生产量是提高经济产量的关键因素,这是棉花高产群体最核心的质量指标。长江流域棉花群体在蕾期、初花期和盛花期适宜的干物质积累量分别为 550.5 kg/hm²,1 950 kg/hm²,4 500 kg/hm²,即初花期积累量占整个生命周期的15%,盛花期占30%,盛花期后干物质积累增加到 10 500 kg/hm²以上,约占70%。棉花的光合产物有90%以上来自叶片,在群体条件下,叶片的大小、数量及其排列对光合生产、产量具有很大的影响,提高整个开花结铃期群体的光合积累量,关键是提高此阶段的叶系质量。长江流域棉花群体最适宜叶面积指数(LAI)为 4.0 ~ 4.5。长江流域棉花一般采用育苗移栽的种植方式,4 月初育苗,5 月移栽,5 月现蕾,6 月开花,7—9 月成铃,9—11 月吐絮收获;株高一般在 100 ~ 120 cm,果枝 18 ~ 22 台/株,三桃比例为 10∶45∶(40 ~ 45),即伏前桃占10%(3 ~ 4 个/株),伏桃占45%(13 ~ 16 个/株),秋桃占40% ~ 45%(14 ~ 15 个/株)。

(6)棉田投入和收益比较

长江流域棉区是一个投入、产值和收益中等的产区。21 世纪前 9 年,棉田面积占全国的22% ~ 23%,总产占全国的19% ~ 20%,单产 1 057 kg/hm²,比本区域 20 世纪90 年代和全国同期单产水平低 10% 以上。随着棉区的北移和西移,其面积和总产占全国的比例分别比 20 世纪80 年代和90 年代减少 10% 和 15%。

2.2.1.2　黄河流域棉区生产特点

黄河流域是全国最大的产棉区。21 世纪前 9 年,棉田面积占全国的44% ~ 45%,总产占全国的40% ~ 41%,单产 1 174 kg/hm²,为同期全国平均水平。随着棉区西移,其面积和总产占全国的比例比 20 世纪80 年代和90 年代分别减少 10% 和20%。而本棉区自身也在不断向北、向西转移,棉田面积在转移中呈缩减态势。

1）主要种植模式

本区黄淮平原和华北平原南部为一年两熟制,东北部和滨海为一年一熟制,因此本区域棉花为一年一熟和棉麦一年两熟制并重,且是我国农业的一熟、两熟制过渡区。两熟采用套种或套栽,棉花采用育苗移栽或地膜覆盖直播和裸地直播。两熟制以棉麦两熟为主,山东有部分蒜棉两熟,还有少量的瓜棉两熟。棉麦两熟是黄河流域稳定的种植制度,形成该区域既是棉花主产区又是粮食主产区的生产格局。

2）不同种植模式下全程机械化栽培技术

（1）黄河流域一熟棉田全程机械化栽培技术

① 目标产量和生育进程。

目标产量 4 500～5 250 kg/hm^2,成铃 90～120 万个/hm^2,衣分率 40%,铃重 5.5 g,霜前花率 85% 以上。定植密度一般为 112 500～150 000 株/hm^2。直播在 4 月 25 日左右,直播地膜棉可提早到 4 月 15 日～4 月 20 日播种,引进精量播种机,覆膜、膜上打孔一次性完成作业。直播棉花需在 5 月上中旬定苗,6 月下旬现蕾,7 月初开花,8 月下旬见絮。

② 关键栽培技术。

黄河流域一熟棉田全程机械化栽培技术田间作业如图 2-2 所示。

(a) 精量播种　　　　　　　　　　　　(b) 机械喷药

(c) 一播全苗　　　　　　　　　　　　(d) 集中吐絮

图 2-2　黄河流域一熟棉田全程机械化栽培技术

a. 采用 76 cm 等行距与（66＋10）cm 宽窄行种植模式,符合采棉机对棉花行距的要求,宽窄行种植便于增加种植密度。

b. 选用黄河流域棉区适宜机采的棉花新品种和新品系——中棉所 60、鲁棉研

28、中915、中6913等,这些品种早发早熟、株型紧凑、成铃集中、产量高且纤维品质优良。

c. 黄河流域棉区机采棉适宜的种植密度为112 500 ~ 150 000 株/hm²,增加密度利于构建适宜群体,适当限制个体优势,充分发挥群体优势,提高产量。

d. 黄河流域棉区机采棉适宜AFD简化化控技术,改缩节胺全程系统化学调控为AFD二次简化化学调控。AFD的二次使用时期在初花和打顶后7 ~ 10天,使用剂量分别为初花期150 mL/hm²,打顶后900 mL/hm²。

e. 化学催熟剂和脱叶剂的使用剂量为200 mL乙烯利 + 60 g噻苯隆 + 水60 kg,机械化喷施,适宜使用时期是9月下旬至10月上旬。

f. 引进关键环节机械化作业机具,实现棉花播种前机械化耕整土地,覆膜、播种、覆盖一体化精量播种作业;实现生育期内机械化植保;实现收获期内机械化采收作业。

g. 中耕开沟,高垄培土。中耕深度为6 ~ 9 cm,培土高度15 cm左右,防止肥水流失,增温保墒,防倒伏,改善土壤通气条件,防旱、防涝。

h. 及时灌水,遇涝排水。伏旱或秋季连续一周干旱,天气预报3天内仍无雨,或发现棉株顶部叶色暗绿,花位上升时及时灌水,避免晴天高温漫灌。涝时及时排水,做到雨停畦干。

i. 科学防治病虫草,建立病虫草监测系统。在主要发生期坚持天天测报,采用统一防治和联合防治,主要以防治棉蚜、红蜘蛛、盲蝽蟓、斜纹夜蛾害虫为主,同时兼防其他害虫。枯、黄萎病防治采用拮抗菌优先接种的方法。安全使用除草技术,指导正确选择除草剂和合理施用除草剂。

j. 及时采收,确保质量。严格"四分",杜绝"三丝"混入籽棉。

(2)黄河流域麦后机械化移栽短季棉栽培技术

① 目标产量和生育进程。

春小麦产量5 250 kg/hm²,冬小麦产量7 500 kg/hm²;有效穗555 ~ 570 万/hm²,穗粒数26 ~ 27 粒,千粒重38 ~ 40 g。

麦茬移栽棉籽棉产量3 450 ~ 3 900 kg/hm²,皮棉产量1 252.5 ~ 1 365 kg/hm²;霜前花率80%。成铃76.5 ~ 94.5 万个/hm²,单铃重4.5 ~ 5.4 g,衣分率37.2% ~ 40.4%。

麦茬棉于5月中旬育苗,采用基质集中保护育苗,培育壮苗移栽。6月上、中旬小麦收获后及时移栽。6月底至7月初现蕾,7月下旬进入花期,9月下旬吐絮,10月下旬棉花拔柴、腾地,以便小麦及时播种(见图2-3)。

(a) 7－8月集中现蕾开花

(b) 8－9月集中成铃

(c) 9－10月集中吐絮

图 2-3　短季棉栽培技术生育进程

② 连作小麦高产栽培技术。

a. 选择适宜的小麦品种。冬小麦品种以晚播早熟型较佳;春小麦选用早熟、高产、优质小麦新品种,如津强 2 号、津强 3 号和辽麦系列品种。

b. 适当增加播种量,确保基本苗。按基本苗 525 万株/hm² 计算,一般播种量为 375 kg/hm²。与正常播种相比,每晚播 5 天,播种量增加 15 kg/hm²。

c. 加强管理,促早发、高产。重施底肥,播前施磷酸二铵 375 kg/hm² 和尿素 150 kg/hm²;两叶一心期追尿素 225 kg/hm²;孕穗期追尿素 150 ~ 225 kg/hm²,以促早熟、增粒重。浇好小麦分蘖—拔节、扬花—孕穗和灌浆水,以促进分蘖,提高灌浆强度,增加千粒重。应注意防治蚜虫和白粉病。

d. 适时收获,提高小麦产量和品质。6 月中下旬,小麦蜡熟期及时机械化收获,收获后及早整地和移栽。

③ 连作棉花高产栽培技术。

a. 选择早熟春棉和短季棉品种。北纬 35°以南地区,可选用生育期 130 天以内的春棉品种,也可选用短季棉品种,如中棉所 60、中 915 和中 6913、鲁棉研 36 等;北纬 35°以北地区选用生育期在 105 天左右的转基因抗虫短季棉品种,如中棉所 50、中棉所 74、豫早 9110 等。

b. 合理密植。北纬 35°以南地区,春棉品种种植密度在 112 500 ~ 135 000 株/hm²,短季棉种植密度在 135 000 ~ 150 000 株/ hm²;北纬 35°以北地区,种植密度在 150 000 ~ 180 000 株/hm²,随纬度的北进,移栽密度逐渐加大。

c. 采取基质育苗技术。苗龄 30 ~ 40 天,叶龄 2 ~ 3 片真叶,苗高 15 ~ 20 cm,移栽前红茎比例占 50%,子叶完整,叶片无病斑,叶色深绿,茎粗叶肥,根多、根密、根粗壮。

d. 抢时移栽。小麦收获后,撒施复合肥 600 ~ 750 kg/hm²,配合施用锌肥 15 kg/hm²、硼肥 22.5 kg/hm² 作为基肥,及时旋耕整地,抢时移栽,栽后灌水,灌溉量为 450 m³/hm²,保证移栽成活率和移栽密度。

e. 缓苗后施提苗肥,促进生长,保全苗。缓苗后施提苗肥,中耕、锄草、破板结,促发根生长。同时注意防治病虫害,保全苗。

f. 化学调控。麦茬移栽短季棉生长发育正处华北降雨的集中期,需化学控制旺长,一般用缩节胺调控 2~3 次:第一次在蕾期(7 月 1—10 日)15~22.5 g/hm²;第二次在打顶后的花铃期(7 月 25—30 日)60~75 g/hm²;第三次视二次调控情况进行,若降水多、棉株旺长,需再调控一次,喷缩节胺 60~75 g/hm²。

g. 及时整枝、打顶。现蕾后及时整枝;7 月下旬打顶,一般每株留果枝 8~10 台。

h. 及早收获。棉花吐絮后及早收获,防治雨水冲淋。黄河以北棉区,部分贪青晚熟棉田可喷施乙烯利促进吐絮。

(3) 黄河流域短季棉提早套播栽培技术

① 目标产量和生育进程。

冬小麦产量 6 000 kg/hm²,有效穗 525~540 万/hm²,穗粒数 25~26 粒,千粒重 35~38 g。

提早套播棉籽棉产量 3 750 kg/hm²,皮棉产量 1 275 kg/hm²,霜前花率 80%;成铃 76.5~94.5 万个/hm²,单铃重 4.5~5.4 g,衣分率 37.2~40.4%。

套播短季棉于 5 月中旬套播于小麦行间。7 月初现蕾,7 月下旬进入花期,9 月下旬吐絮,10 月下旬棉花拔柴、腾地,小麦及时播种。

② 套作棉花高产栽培技术。

a. 选择短季棉品种。如中棉所 50、中棉所 74、豫早 9110 等。

b. 合理密植。种植密度在 120 000~150 000 株/hm²,随纬度的北进,移栽密度逐渐加大。

c. 选用适当的棉麦配置方式。3 行小麦占地 30 cm,预留棉行宽 40 cm。

d. 适时播种。一般在 5 月上中旬播种,此时小麦正处于灌浆期,棉花播种后浇灌浆水,一水两用,保证一播全苗。

e. 及时施肥、浇水、灭茬,促进棉花生长。小麦收获后,及时施肥、灌水、灭茬。撒施复合肥 600~750 kg/hm²,配合施用锌肥 15 kg/hm²,硼肥 22.5 kg/hm²;及时灌水,灌溉量为 450 m³/hm²;及早灭茬,促进棉花生长。

f. 及时中耕、锄草、破板结,促发根生长。同时,注意防治病虫害,保全苗。

g. 化学调控。麦套短季棉生长发育正处黄河流域降雨的集中期,需化学控制旺长,一般用缩节胺调控 2~3 次:第一次在蕾期(7 月 1—10 日)15~22.5 g/ hm²;第二次在打顶后的花铃期(7 月 25—30 日)60~75 g/hm²;第三次视二次调控情况进行,若降水多、棉株旺长,需再调控一次,喷缩节胺 60~75 g/hm²。

h. 及时整枝、打顶。现蕾后及时整枝。7 月下旬打顶,一般每株留果枝 8~10 台。

ⅰ. 及早收获。棉花吐絮后及早收获,防治雨水冲淋。黄河以北棉区,部分贪青晚熟棉田可喷施乙烯利促进吐絮。

③ 适宜区域。

本技术适宜黄河流域小麦、大麦、油菜收获后进行棉花移栽的植棉区域。

3) 株行距配置

目前,黄河流域棉区(一熟春棉)采用行距 96 cm、株距 15 ~ 25 cm 播种,黄河流域可采用地膜覆盖播种,一般一膜一行,根据劳动力和出苗期间降雨情况决定采用膜上播还是膜下播。

4) 棉花品种类型

黄河流域棉区棉花品种熟性为中早熟、早熟和特早熟类型。主要品种有中棉所系列、豫棉系列、鲁棉系列和冀棉系列等。

5) 棉花种植密度

黄河流域种植模式复杂多样,麦棉两熟种植植棉密度一般在 45 000 ~ 52 500 株/hm^2,蒜棉两熟和杂交棉一熟种植密度一般为 30 000 株/hm^2。近年来,开展机采棉试验研究与示范,为了实现集中成铃和吐絮,采取增密措施,种植密度提高。黄河北部棉区机采棉种植密度为 75 000 ~ 90 000 株/hm^2,5 月底前播种(接大蒜、洋葱等在 5 月下旬可以腾茬的作物);黄河南部密度大于 75 000 株/hm^2(接油后棉茬)和 90 000 株/hm^2(接麦后棉茬),在 6 月 1 日至 6 月 15 日前作收获整地后直播。

6) 棉花群体特征

黄河流域棉花属“中个体中群体”,棉花群体最适宜 LAI 范围为 3.5 ~ 4.0。黄河流域直播棉花一般在 4 月中下旬播种,5 月下旬现蕾,6 月下旬至 7 月上旬开花,7—8 月成铃,9—10 月吐絮收获;株高一般在 90 ~ 110 cm,果枝 10 ~ 15 台/株,三桃比例为 1∶6∶3,即伏前桃占 10%(1 ~ 2 个/株),伏桃占 60%(6 ~ 12 个/株),秋桃占 30%(3 ~ 6 个/株)。

7) 棉田投入和收益比较

黄河流域棉区是一个投入相对较低,产值与全国平均水平持平,纯收益高于全国平均水平的产区。本区域同是粮食和蔬菜的主产区,棉花与粮食、蔬菜的竞争激烈,发展棉、麦两熟可提高土地的周年产出率,还有可供开发利用的滨海盐碱地 100 万公顷。当前急需棉、麦双高产技术,滨海盐碱地的规模化、轻简化植棉技术也有待提高。要加快研究解决棉花机械化收获的关键技术,突破盐碱地棉花保苗、立苗的瓶颈制约,培育耐盐碱和适合两熟连作的早熟高产优质棉花新品种,加快发展机械化植棉。

2.2.1.3　西北内陆棉区生产特点

西北内陆棉区有悠久的植棉历史,具有适于植棉的独特的内陆干旱绿洲灌溉资源和农业特点。同时,棉花产业也是新疆经济的支柱型产业,新疆棉花素以色泽白、品质高而享誉国内外,发展棉花生产是新疆"一黑一白"战略的必然选择。该棉区为一熟制,依融雪性洪水和水库供水,依水泥渠道输水、灌溉,地膜覆盖植棉。本区棉花生产的规模化、集约化和机械化程度都很高:条田连片、农田平整,林网纵横,防风防沙尘,交通便利;种植规模大,户均植棉地 2 ~ 3 hm²,新疆生产建设兵团 5 ~ 6 hm²,大型农业团(场)棉田 2 万 hm²;犁地、耙地、播种、中耕、病虫害防治、脱叶催熟及采收等农事作业实行机械化。

目前在全疆 86 个县市中有近 60 个县种植棉花,兵团有 110 多个植棉团场,棉花产值占全疆农业总产值的 45%,新疆已成为竞争力强、最适宜植棉的地区,也是全国棉花产业发展的战略重点,已发展成为中国棉花总产"二分天下有其一"的特大优质棉生产基地,支撑着全国棉花生产的半壁江山,现代植棉业的架构基本形成。

新疆植棉栽培技术水平不断提高。在认真贯彻植棉十大主体技术的同时,积极推进 6 项精准技术的实施,精准种子生产、精量播种、测土配方和平衡施肥、节水灌溉、机械收获、信息化技术等的推广应用,尤其是高密度栽培、节水灌溉、新品种的推广,使新疆棉花生产不断走上新的台阶,加快了由传统植棉业向现代农业转变的步伐。

(1)植棉面积及单产和总产

在 20 世纪 80 年代中期到 90 年代中期的 10 年时间里,棉花生产呈现快速发展的态势,面积和总产占全国的比重上升为 13.7% 和 19.61%,在全国的地位快速提升。

由表 2-4 可见,全疆棉花种植面积从 1990 年的 43.52 万公顷增至 2013 年的 171.82 万公顷,棉花种植面积占全国的比例从 7.79% 增长到 39.49%,同期全疆棉花总产量由 46.88 万吨迅速增至 351.75 万吨,占全国的比例从 10.4% 提高 55.74%,成为我国唯一能保持棉花长期持续增长的最重要棉区。新疆棉花多为一熟种植,"密、矮、早、膜"是其典型的植棉模式,植棉面积、单产、总产呈稳定增长趋势。

表2-4　新疆棉花面积、总产及占全国的比重

年份	新疆棉花播种面积/千公顷	全国棉花播种面积/千公顷	新疆棉花面积占全国棉花面积的比重/%	新疆棉花总产量/万吨	全国棉花总产量/万吨	新疆棉花占全国棉花总产量比重/%
1950	0.36	37.86	0.96	0.60	69.20	0.86
1955	0.74	57.73	1.27	2.70	151.80	1.77
1960	1.59	52.25	3.04	3.50	106.30	3.29
1965	1.59	50.03	3.18	7.70	209.80	3.67
1970	1.55	49.97	3.10	6.50	227.70	2.85
1975	1.48	49.56	2.97	4.70	238.10	1.97
1980	18.12	492.00	3.68	7.92	270.00	2.93
1985	25.35	514.10	4.93	18.78	413.70	4.54
1990	43.52	558.80	7.79	46.88	450.78	10.40
1995	74.29	542.20	13.70	93.50	476.75	19.61
2000	101.24	404.12	25.05	150.00	441.73	33.96
2005	116.25	506.20	22.96	195.70	571.40	34.25
2010	143.82	484.00	29.66	240.79	596.10	40.39
2012	172.08	470.0	36.61	353.95	684.00	51.75
2013	171.82	435.0	39.49	351.75	631.00	55.74
2014	242.13	422.0	57.37	451.00	616.00	73.21

注:表中数据来源于历年国家统计公报和新疆统计公报。

（2）株行距配置

常规品种高密度种植模式为一膜6行的(66+10)cm宽窄行配置或一膜3行的76 cm等行距配置,株距7.5 cm;杂交品种低密度种植模式为2.05 m超宽膜,一膜3行3带配置模式,等行行距76 cm,株距9.5 cm,各行距与规定行距相差不超过±2 cm,行距一致性合格率和邻接行距合格率应达95%以上。

（3）棉花品种类型

本区域陆地棉品种为中熟、中早熟、早熟和特早熟,海岛棉为中早熟类型,品种分为本地和内地两大系列。截至2008年,陆地棉系列品种编号至新陆中35,新陆早系列品种编号至新陆早26号;还培育形成海岛棉新海28号等多个品种,培育彩色棉的新彩棉系列品种。同时,内地品种陆续进疆,在南疆主要有中字号、冀字号、豫字号和鲁字号系列等。在北疆,主要种植本地新陆早系列品种。

不同纤维类型品种合理布局,全面发展。中绒陆地棉目前仍是新疆的主要种植品种,包括早熟陆地棉、早中熟陆地棉及少量杂交棉,占棉花种植面积的70%以上;长绒棉基本稳定在6.7万公顷左右,是我国唯一的海岛棉种植区域;彩色棉2.5万公顷左右,以棕色纤维品种为主,占全国面积的90%以上;中长绒陆地棉发展势头强劲,2006年生产种植已达十余万公顷,并将稳步扩大面积。新疆具有发展优质棉生产的技术优势,地膜植棉、高密度栽培、精量点播、节水滴灌、测土平衡施肥、全程机械化等先进技术和装备应用使新疆棉花生产处于国际先进水平。

(4)种植密度

新疆棉花多采用高密度种植,据中国棉花生产预警监测数据可知,新疆棉区历年平均种植密度为198 465 株/hm²。近年来,新疆开展杂交棉试验研究与示范,为了发挥杂交棉的杂种优势,种植密度有所下降,但仍保持在120 000 株/hm²以上。

新疆棉区采用适宜机采的种植模式,以确保质量为主、兼顾产量,适当降低种植密度。对常规种植品种,播种株数控制不超过19.5 万株/hm²,实收密度15～18万株,籽棉产量达到4 500 kg/hm²以上;对杂交品种,则采用稀植简化栽培模式,每公顷理论株数142 500 株左右,收获株数120 000 株左右,籽棉产量达到4 500 kg/hm²以上。

(5)群体特征

新疆棉花采用"密、矮、早"的种植模式,多采用地膜覆盖、膜下滴灌、精量播种、全程系统化学调控等植棉技术,构建新疆棉区独特的棉花群体——"小个体大群体"。

"密"是指合理密植,是新疆"密、矮、早"技术路线的核心,只有合理密植才能以最大效率利用光、热、水、土资源,保证棉花个体的正常发育和群体的良好发展。"矮"是落实本技术路线的前提和量化指标;早熟是棉花优质、高产的首要条件。"矮、密、早"栽培路线就是通过增大群体,配合早播、早管、促早发等措施,加快棉花的生长发育,促进中下部内围铃早现蕾、早开花、早吐絮,从而实现早熟、优质、高产。因此,"早"是本技术路线的目标。

新疆棉花一般在3月底或4月上旬5 cm地温连续3天超过12 ℃以上时即可播种,适宜播期一般为4月上、中旬。5月进入蕾期,6月进入花期,7—8月为结铃期,9—10月为吐絮收获期。

(6)棉区投入和收益比较

植棉效益比较高是新疆棉花生产快速发展的主要动因和关键,新疆人均占有耕地0.197 hm²/人,高出全国平均水平1.1倍,均户棉花面积2.67 hm²左右,具有耕地相对较多、灌溉农业、生产后劲足的发展优势和潜力,棉花效益比较突出,位居全国之首。从棉花生产的物化成本看,化肥、农药的投入越来越高,每公顷物化成本 27 000 元左右,加上人工成本(不算棉花采摘费),每公顷棉花的成本为36 000 元左右。但西北内陆是一个高投入、高产出和高收益的产区,新疆棉区物化投入高,人工投入大,植棉效益较高。

2.2.2　主产棉区易发生的虫病草害

我国幅员辽阔,气候差异较大,耕作制度多样,形成了各棉区害虫种群分布、发生时期各不相同,同一害虫、不同棉区的危害程度不同、发生规律也不相同的复杂格局。

2.2.2.1　主产棉区易发生的虫害

棉花常见虫害主要有棉铃虫、棉叶螨(又名红蜘蛛)、棉盲蝽蟓、蚜虫等。

棉铃虫(见图 2-4)的发生规律为:7 月间 1 代老龄幼虫和 2 代幼虫同时为害,棉花受害较重,8 月中下旬第 3 代幼虫开始为害,此时主要为害棉花的花和青铃。发生部位:棉花的嫩蕾、嫩尖、新叶和幼铃。幼蕾被危害后苞叶张开脱落,棉铃被危害后造成烂铃和僵瓣。

图 2-4　棉铃虫

棉叶螨(见图 2-5)的发生规律:首先在寄主上为害,棉苗出土后移至棉田。6 月中旬为苗螨为害高峰,7 月中旬至 8 月中旬为伏螨危害棉叶。9 月上旬晚发迟衰,棉田棉叶螨也可为害。高温干旱、久晴无降雨,棉叶螨易大面积发生。发生症状与部位:在棉叶背面吸食汁液,使叶面出现黄斑、红叶和落叶等症状,形似火烧,轻者棉苗停止生长,蕾铃脱落,后期早衰;重者叶片发红,干枯脱落,棉花变成光杆。

图 2-5 棉叶螨

棉盲蝽蟓(见图 2-6)的危害病状:棉盲蝽蟓以成虫、若虫刺吸棉株汁液,造成蕾铃大量脱落、破头叶和枝叶丛生。被害伤口呈水渍状斑点,重则僵化脱落;顶心或旁心受害,形成扫帚棉。

图 2-6 棉盲蝽蟓

棉花蚜虫(见图 2-7)发生规律:一般在 5 月上、中旬棉蚜迁入棉田,6 月下旬或 7 月上旬棉蚜数量达到最高峰,以后随着气温升高,天敌增多而棉蚜数量下降。干旱少雨,较高的温度适合棉蚜虫发生。为害特点:在棉叶背面、嫩茎、幼蕾和苞叶上吸食汁液,造成棉叶蜷缩、畸形、叶面布满分泌物,影响光合作用使棉株生长缓慢、蕾铃大量脱落,排泄蜜露污染棉纤维,导致含糖量超标,影响棉花品质。

图 2-7 棉花蚜虫

各地主要害虫发生种类和危害程度有所不同,见表 2-5。

表 2-5　我国主产棉区容易发生的虫害

种类	危害区域	发生规律 S
棉铃虫	全国棉区均有发生;长江流域棉区间歇性危害;黄河流域棉区危害较重;西北内陆棉区逐年加重	1 年发生 3～8 代,由北向南渐增;黄河流域棉区以第 3、第 4 代危害较重;西北内陆棉区以第 2 代危害较重
红铃虫	世界性害虫;长江流域棉区和黄河流域棉区危害较重	长江流域棉区 1 年发生 3～4 代,第 3 代危害较重;黄河流域棉区大部分棉区,1 年发生 2～3 代,第 2 代危害严重
棉叶螨（红蜘蛛）	广泛分布在全国各大棉区,危害较重	长江流域棉区 1 年发生 18 代,4—9 月发生 3～5 次高峰;黄河流域棉区和南疆 1 年发生 12～15 代,6—8 月发生 2 次高峰;西北内陆、北疆棉区在 7—9 月发生 1 次高峰
棉蚜	全世界分布,各棉区均有发生。黄河流域棉区和西北内陆棉区危害较重,长江流域棉区次之	长江、黄河流域棉区 1 年发生 20～30 代;黄河流域棉区苗蚜发生在 5～6 月;6 月下旬至 7 月上旬是危害间歇期;伏蚜危害主要发生在 7 月中旬到 8 月中旬
地老虎（小地老虎、黄地老虎）	小地老虎分布于各棉区,但在西北内陆棉区不危害棉花;黄地老虎主要在西北内陆棉区和黄河流域棉区	小地老虎:长江流域棉区 1 年 4～5 代,黄河流域棉区 1 年 3～4 代,越冬成虫在 3—4 月出现 2～3 次高峰。黄地老虎:黄河流域棉区 1 年 3～4 代,西北内陆棉区 1 年 2～3 代,越冬成虫较小地老虎晚 15～20 天,2 种地老虎以 1 代幼虫危害
棉盲蝽	全国均有分布,危害棉花的盲蝽种类较多,在不同棉区分布不同	不同盲蝽种类发生代数不同,绿盲蝽 1 年发生 5～6 代,第 2,3,4 代为主要危害,危害盛期 7 月上中旬;三点盲蝽 1 年发生 3 代,1～3 代均发生危害,危害盛期 6 月上旬至 7 月下旬

长江流域棉区容易发生的主要虫害有红铃虫、棉铃虫、棉叶螨、棉蚜、地老虎和烟粉虱等;次要害虫有蓟马、造桥虫、蜗牛和棉叶蝉等。种植转 Bt 基因棉之后,棉铃虫、红铃虫得到有效控制,然而棉盲蝽和烟粉虱的发生危害呈加重趋势,要注意统防统治。

黄河流域棉区容易发生的虫害有棉铃虫、棉蚜、棉叶螨和地老虎等;次要害虫有蓟马、造桥虫、蜗牛、鼎点金钢钻、蝼蛄和棉叶蝉等;种植 Bt 棉之后棉铃虫、红铃虫得到有效控制,然而棉盲蝽和烟粉虱发生危害加重,应加强虫情测报和综合防治,以有效控制危害。

西北内陆棉区容易发生的虫害有棉蚜、棉叶螨、黄地老虎和棉铃虫等;次要害虫有蓟马、棉叶蝉、蝼蛄等。棉蚜易大面积发生危害,暴发成灾的频率高。根据绿洲农业生态脆弱性的特点,西北内陆采取以保护利用天敌自然控制和生物防治有机结合的综合防治体系,充分保护利用天敌,强化农业防治和生物防治,严禁滥用农药及大面积盲目施药,努力维护生态平衡,重点抓好田外防治和点片防治,强调加强监测和预报,科学防治,有效控制病虫害。

2.2.2.2　主产棉区易发生的病害

病害是棉花生产的主要限制因子之一,全球侵染性棉花病害有260多种,我国记载的有80多种,其中常见的约20种。棉花全生育期均会遭受各种病菌侵害,对棉花生长发育造成不良影响,严重发生危害时将导致产量和品质的损失。

（1）立枯病

立枯病俗称烂根病、黑根病,棉苗受害后,在近地面的茎基部产生黄褐色病斑,后变成黑褐色,并逐渐凹陷腐烂,严重时病部变细,病苗枯死或萎倒。子叶受害后形成不规则形黄褐色病斑,之后病部破烂脱落成穿孔状。成株期受害后,叶上产生褐色斑点,后脱落穿孔。

（2）枯萎病

枯萎病也被称为植物的"癌症",是棉花生产的大敌,近年来迅速蔓延。枯萎病的特征是:植株矮化,叶色呈灰绿色,脆硬,茎秆弯曲,茎结缩短,顶心下陷,茎秆内维管束变成灰褐色或浅黑色。发病条件:高温高湿,连茬种植,雨后晴天,会成行、成片死亡。

棉花枯萎病和黄萎病是全球危害棉花最严重的两种病害,在苗期即发病而引起大量死苗,形成严重的缺苗断垄。枯萎病幼苗期主要症状表现为幼苗子叶或真叶叶脉褪绿变黄,叶肉仍保持绿色,叶脉呈黄色网纹状;黄萎病苗期症状是病叶边缘开始褪绿发软,呈失水状,叶脉间出现不规则淡黄色病斑,病斑逐渐扩大,变褐色干枯,严重时叶片脱落、棉株死亡。棉花现蕾前后是枯萎病的发病盛期,常见症状是矮缩型。黄萎病在自然条件下,现蕾以后才逐渐发病,一般在7—8月份开花结铃期发病达到高峰;黄萎病株常见症状是下部叶片先开始发病,逐渐向上发展,病叶边缘稍向上卷曲,叶脉为绿色,类似花西瓜皮状,黄萎病株一般不矮缩。

黄萎病发病时期越早,对棉株生育和产量影响越大。据对黄萎病调查可知,6月中旬以前发病,棉株生育停滞,甚至死亡;6月中旬至7月中旬发病,产量损失70.9% ~88.8%;7月中旬至8月初发病,产量损失41.6% ~48.6%;8月上旬至9月初发病,产量损失17.5% ~34.4%;9月中旬以后发病,对产量基本上没有影响。

（3）黑腐病

黑腐病棉花根部表皮呈黑色,略有凸起,无新根长出,植株矮小、叶片软绵、生长缓慢,高温下易死亡,死亡后植株呈黑枯形,直立不倒,发病区呈块状。雨后积水时间长,地势低洼,盐碱偏重或施氮肥量大,中耕不及时,前茬种过甘薯、甜菜、大白菜、甘蓝、萝卜的地块易发此病。

（4）病毒病

棉花病毒病主要有小叶病毒病,花叶病毒病,曲脉病萎病,紫叶病毒病落叶、落花、落果病毒病。病毒病称为植物的"艾滋病",传播快捷,危害严重,减产于无形之中,是植物第一大敌人。

（5）茎枯病

茎枯病在棉花的苗期到结铃期均能受害,前期为害子叶、真叶、茎和生长点,造成烂种、叶斑、茎枯、断头落叶以至全株枯死,后期侵染苞叶和青铃,引起落叶和僵瓣。子叶和真叶发病初为黄褐色小圆斑,边缘紫红色,后扩大成近圆形或不规则形的褐色斑,表面散生许多小黑点(病原菌)。茎部及叶柄受害,初为红褐色小点,后扩展成暗褐色梭形溃疡斑,中央凹陷,周围紫红。病情严重时,病部破碎脱落,茎枝枯死。

（6）苗期病害

在 4—5 月份棉花播种出苗期间,由于寒流的侵袭,每年均有若干次程度不同的降温过程。棉花幼苗抗逆能力弱,在低温多雨年份易受病菌侵害,引进大量的烂种、病苗和死苗。苗病的危害方式可分为根病与叶病 2 种类型,其中由立枯病、炭疽病、红腐病和猝倒病等引进的根病最为普遍,是造成棉田缺苗断垄的重要病害;由轮斑病、褐斑病和角斑病引进的叶病,在某些年份也会突发流行,造成损失。一般而言,长江流域苗期根病以炭疽病为主,其次是立枯病,叶病主要是褐斑病和轮纹斑病;黄河流域棉区苗期棉花易发生立枯病、炭疽病和根腐病引起死苗,苗期根病以立枯病和炭疽病为主,叶病主要是轮纹斑病。

苗期病害从 3 个方面影响棉花生产:一是重病棉田的毁种,造成棉花实收面积减少;二是造成缺苗断垄及生育延迟,影响棉田的合理密植及早熟高产;三是重病棉田的重种或补种,造成种子的浪费和品种的混杂,影响良种繁育和推广。

（7）棉铃病害

棉铃病害是棉花的常发病害,全国各主要棉区 8—9 月间均有发生。夏、秋多雨的年份,棉田湿度大,易造成各种棉铃病害病菌的滋生与传播,常引进棉铃腐烂,造成减产降质。全国棉花由于棉铃病害所造成的减产损失为 10% ~ 30%。

（8）茎枯病

棉花茎枯病的分布较广,并不是每年都会发生,但遇到适合发病的条件,就会突发流行。在大流行的年份,茎枯病对棉花生产影响很大。茎枯病是典型的多时期、多部位发生的病害,棉株从幼苗到结铃各个生育时期都能受害,在防治上应遵循"预防为主,综合防治"的方针,在防治措施上以种子处理、农业防治和喷药保护为主。

长江流域棉区,主要的棉铃病有:炭疽病、角斑病、红腐病等18种,近年来疫病已上升为棉铃病害的主要病害之一,但炭疽病仍属棉铃病害最主要的病害。

黄河流域棉铃病害发生的特点是:第一,疫病棉铃病害最为普遍,有时占棉铃病害的90%以上,其次为红腐病、印度炭疽病和炭疽病;第二,角斑病在多雨年份发病重,在陆地棉品种上发病少,但在海岛棉上发病严重;第三,除局部地区外,炭疽病棉铃病害比长江流域棉区发生轻。本流域棉花病虫害采取以生物防治和化学防治兼并的综合防治体系。棉花枯萎病、黄萎病大发生和大流行频率高、危害大,推广水旱轮作有明显成效,但操作困难。棉花苗病采取种子包衣技术且得到有效控制,但棉铃疫病危害严重,常年减产10%~20%。

2.2.2.3 主产棉区易发生的草害

对棉田经常造成危害的杂草主要有24科60余种,在全国各地发生量大,适应性强,危害较大,而又难以防除。禾本科杂草以马唐、牛筋草、千金子、旱稗、狗尾草等为主;双子叶杂草以反枝苋、铁苋菜、马齿苋等为主;莎草科杂草以香附子为主。

杂草结实量特别大,种子的成熟期和出苗期参差不齐、繁殖方式多、种子寿命长、传播途径广、适应能力强,因此,棉田杂草与棉花争地、争光、争养分、争生存空间,影响棉花光合作用,妨碍棉花生长,降低棉花的产量和品质。同时还为多种病、虫害提供栖息环境,加重了病虫害的发生与传播,使棉花生产遭受损失。另外,棉田杂草的防除主要靠人工,棉花从出苗到封行前一般要进行中耕除草4~5次,主要集中在每年的5月中下旬到7月中下旬,棉田用工增加很多。近年来,高效、安全除草剂的使用量剧增,无疑增加了棉花的生产成本。

杂草是影响机采棉采收质量的重要因素之一,也直接影响棉花产量和质量,若棉田发生严重草荒,棉花生长矮于杂草,则棉花发育受阻,现蕾晚,结铃少,产量减产达50%以上。棉田主要杂草有以下几种:

① 马唐(见图2-8):又名万根草、抓根草、鸡爪草,禾本科,马唐属,茎匍匐,节处着土常生根,总状花序3~10枚,指状着生杆顶,小穗双生,一年生晚春性杂草,单生或群生,20℃以下发芽很慢,25~30℃最为适宜。

图 2-8　马唐

② 牛筋草(见图 2-9)：禾本科,根发达,深扎,茎丛生,扁平,茎叶均较坚韧,叶中脉白色,穗状花序指状着生杆顶。

图 2-9　牛筋草

③ 马齿苋(见图 2-10)：又名马齿菜、马须菜、长寿菜、晒不死等,马齿苋科,一年生繁殖肉质草本,茎带紫红色,匍匐状,叶互生,花瓣 4～5,黄色。种子繁殖、发芽温度以 20～30 ℃为宜。

图 2-10　马齿苋

④ 苍耳(见图 2-11)：菊科,一年生草本,叶卵状三角形,边缘有不规则锯齿,两面贴生糙伏毛,头状花序球形,密生柔毛。

图 2-11　苍耳

⑤ 田旋花(见图 2-12):又名中国旋花、箭叶旋花,旋花科,旋花属,多年生缠绕草本,根状茎横走,叶互生,戟形,花序腋生。

图 2-12　田旋花

⑥ 反枝苋(见图 2-13):又名西凤谷、野苋、红枝苋、千穗谷,苋科,一年生晚春性杂草。茎直立,幼茎近四棱形,老茎有明显的棱状突起,叶卵形,花小,组成顶生或腋生的圆锥花序,花白色。

图 2-13　反枝苋

长江流域棉区以喜温、喜湿性杂草占优势。优势杂草出现的频率为马唐

75.2%、千金子 68.7%、稗草 43.8%、马齿苋 46%。长江流域棉区田间杂草大致有 3 个出苗高峰：第 1 个高峰期在 5 月中旬左右，持续 10～15 天，以马唐、旱稗、狗尾草、苍耳为主，出草量较少；第 2 个高峰在 6 月中下旬，持续约 20 天，主要为牛筋草、马唐等，正值梅雨季节，杂草发生量大；第 3 个高峰期在 7 月下旬至 8 月初，持续 10 天左右，以牛筋草为主，发生量较少。

黄河流域以喜凉耐旱型杂草为主。优势杂草出现的频率为牛筋草 72%、马唐 36%～62%、马齿苋 10%～87.5%；黄河流域棉区田间杂草存在 2 个发生高峰，第 1 个在 5 月中下旬，以狗尾草、马唐等为主；7 月份随着雨季的到来，香附子等杂草大量出土，形成第 2 个杂草发生高峰。

西北内陆棉区杂草以耐旱、耐盐碱种类为主。优势杂草出现频率较高的有田旋花 90%、灰绿藜 76.4%、反枝苋 70%；西北内陆棉区第 1 个出草高峰在棉花播种到 5 月下旬，期间出土杂草占棉花全生育期杂草总数的 55% 左右；在 7 月上旬至 8 月上旬出现第 2 个出草高峰，杂草出土数量占总量的 30% 左右。

2.2.3　主产棉区田间管理技术

2.2.3.1　长江流域棉区田间管理技术

（1）灌排水

长江流域棉区，在旱年播种前造底墒，棉株长势弱时需适量浇水。但在多数年份，要注意排水，做到雨过地干。

（2）施肥

夏播短果枝棉的生长期短，应施足底肥，一般在整地时每公顷施 750 kg 三元素复合肥（含 N，P_2O_5，K_2O 各 15%）加尿素 55 kg，另外见花期每公顷追施尿素 300～375 kg，一般可获得产量为 1 500 kg/hm² 皮棉。

长江流域棉区全生育期每公顷施氮肥（纯 N）270～300 kg，磷肥（P_2O_5）75～105 kg，钾肥（K_2O）150～180 kg。不同时期施纯氮比例：基肥 10%～20%、提苗肥 5%～10%、花铃肥 1/3，盖顶肥 1/3。P 和 K 按比例酌情施用。

（3）化控

夏播短果枝棉化调的原则是前轻后重，一般在 3 个时期根据天气及棉花生长的情况具体实施。第一果枝结铃距地面高度大于 18 cm。

长江流域棉区降雨量大，气温也稍高，对应上述 3 个时期化控的用药量，一般情况下略高于黄河流域，但遇到干旱年份或涝渍，棉田也要少用缩节胺。一般在 8～9 片叶时每公顷用缩节胺 15～30 g，初花期用 30～45 g，盛花期用 45～60 g，打顶后用 60～75 g 进行化控，株高控制在 1.0 m 左右。

（4）打顶

长江流域春棉一般在 7 月 20 日左右打顶,留果枝 12～13 台,夏播无限果枝短季棉在 8 月上中旬打顶,留果枝 12～14 台。

（5）脱叶催熟

长江流域棉区,可在 10 月 5—10 日喷药,药剂用量、喷药方法、机采时机等原则上同黄河流域棉区。

（6）病虫害防治

在内地夏播的抗病抗虫短果枝棉,病虫害很轻,只要运用种衣剂包衣,苗期病害及后期棉花烂铃一般不需要防治,同时苗期也不会发生蚜虫危害,个别田块若发生地老虎、3 龄前幼虫,可用 2.5% 敌杀死乳油,20% 速灭杀丁乳油 1 500～2 000 倍喷雾防治;3 龄后幼虫,可用 90% 敌百虫每亩 50 g 加水喷雾到麦麸等饵料中,于傍晚散施到棉田诱杀地老虎幼虫。

抗虫短果枝棉在 7 月 20 日前一般不会发生虫害,个别田块若发生盲蝽象可用 41% 马拉硫磷乳油,20% 啶虫脒可湿性粉剂,40% 早硫磷乳油等喷雾防治。7 月底至 9 月初可根据棉田虫害发生情况,一般进行 2～3 次治虫。近年来多有烟飞虱发生并且比较顽固,可用 2.5% 联苯菊酯 30 mL＋20% 吡虫啉 10 g＋敌敌畏 30 mL 兑水 15 kg 喷雾,或采用亩旺特(螺虫乙酯)防治。

2.2.3.2　黄河流域棉区田间管理技术

（1）灌排水

黄河流域棉区,播种前造底墒,苗期一般不灌水;蕾期长时间干旱,棉株长势弱时,可隔行沟灌水,浇水后及时中耕保墒;花铃期无雨时,及时沟灌灌足水。

（2）施肥

夏播短果枝棉的生长期短,应施足底肥,一般在整地时施 750 kg/hm² 三元素复合肥(含 N, P_2O_5, K_2O 各 15%)加尿素 75 kg/hm²,另外见花期追施尿素 300～375 kg/hm²,一般可获得产量 1 500 kg/hm² 皮棉。

黄河流域棉区在密度增加和秸秆还田的条件下,施氮量在 150 kg/hm² 左右比较适宜,N：P_2O_5：K_2O 比例为 2：1.5：2。磷肥全部基施,钾肥 40%～50% 基施,氮肥 0～30% 基施,其余钾肥和氮肥于盛花期追施,有利于棉株稳长、减轻化学调控的压力。

（3）化控

夏播短果枝棉化调的原则是前轻后重,一般在 3 个时期根据天气及棉花生长的情况具体实施。第一果枝结铃距地面高度大于 18 cm。

黄河流域棉区当棉株 4～5 片真叶时,若棉苗偏旺,用缩节胺 7.5 g/hm² 左右;6～7 个果枝时,若棉株长势过强,用缩节胺 15～22.5 g/hm²;打顶后 5～7 日,用缩节胺 120～150 g/hm²。前 2 个时期黄河流域往往天旱,若天旱、苗不旺长,就少用或不用缩节胺化调。株高控制在 0.9～1.1 m。

(4)打顶

黄河流域春棉一般在 7 月 15 日左右,棉株有 10～12 台果枝时打顶,夏播无限果枝短季棉 7 月 28 日—30 日打顶留果枝 8 台左右。

(5)脱叶催熟

黄河流域棉区于 9 月底 10 月初喷施噻苯隆和乙烯利,对棉花进行脱叶催熟。用量:噻苯隆(50% 可湿性粉剂)450～750 g/hm²,乙烯利(40% 水剂)3 000～3 750 mL/hm²。喷施脱叶催熟剂时,日最高温度应不低于 20 ℃,喷后 5 天内日均温 >18 ℃,对棉株中上部和外围叶片、棉铃进行均匀喷雾。脱叶催熟后 15 天左右,脱叶率和吐絮率达 95% 以上,即可开始机采。

(6)病虫害防治

同长江流域棉区防治方法。

2.2.3.3 西北内陆棉区田间管理技术

在合理肥、水、调节(药)剂、中耕等措施,保证产量基础上,控制好与"采净率、采收率、采收品质"密切相关的机采技术环节。

棉田土地平坦、集中连片种植,单位面积应在 100 亩以上,棉田长度应在 1 000 m 左右(不少于 500 m,不多于 1 200 m),且有行车道直通棉田。

(1)播种技术

① 选用质量达到国家标准的种子。种子破子率 <5%、含水率 <12%、发芽率 >85%、纯度 >95%。合理确定播期、保障播种质量,实现苗全、苗匀、苗齐,防止出现大小苗,为机采打下基础。

② 播种时间。当膜下 5 cm、3～5 天内地温稳定通过 12 ℃时即可播种。南疆适宜播期为 4 月 10—20 日,北疆为 4 月 15—25 日,东疆为 4 月 1—10 日。播种做到下种均匀,深浅一致,播种深度 2～3 cm。铺膜紧实,覆土严实,覆土厚度 1～2 cm,地膜采光面宽。播后迅速布管滴水,4 月 25 日前结束滴水出苗工作。

(2)塑株型,控制好第一果枝节位高度

① 第一果枝节位高度控制在 20～25 cm 为宜。出苗至现蕾期是第一果枝高度形成期,按照化控"少次、减量、轻控"的原则,坚持滴水前 2～3 天化控,防止棉花进水后旺长:a. 子叶期不化控,以确保第一果枝节位高度在 20～25 cm;b. 苗期、蕾期不化控或轻化控;c. 盛蕾、初花期少化控、轻化控;d. 为避免出现"高脚棉"(第一果枝高度 >30 cm)或"矮脚棉"(第一果枝高度 <15 cm),当主茎日增长量平均 <0.8 cm 时,要采取促的措施;e. 主茎日增长量 >1.0 cm,要采取控的措施。

② 棉株高度控制在 70～90 cm 为宜。以"枝到不等时,时到不等枝"为原则,

机采棉田打顶时间在 7 月 10 日前结束。打顶后单株平均保留果枝台数 6 ~ 9 台,形成"叶面积适中,棉铃上中下、内外围分布合理,以内围铃为主"的株型,棉株高度控制在:北疆 70 ~ 80 cm,南疆 80 ~ 90 cm。

（3）控制肥水

适当控制肥水,推广节水节肥和水肥协同调控技术。水中水带肥,磷、钾肥前移,后期减氮肥,适时停水肥促早熟。

① 水肥运筹以促早熟为主。按 400 ~ 450 kg/亩籽棉目标产量确定每亩地施标肥总量 150 ~ 160 kg(含全层施肥的尿素 10 kg,三料 12 kg);全生育期 N:P_2O_5:K_2O = 1:0.3:0.25。对于杂交品种,每亩投放标肥总量 160 ~ 180 kg,N:P:K = 1:0.4:0.2。6 月上旬灌头水时就开始施用滴灌专用肥和尿素,一直随水滴施到 7 月底,6、7 月份每亩共滴施滴灌专用肥 15 kg、尿素 37 kg;8 月份水肥供应呈递减趋势,前多后少,每亩共滴施尿素 5 ~ 6 kg。

② 适时停水、停肥。防止棉花出现贪青晚熟或早衰,影响机采和产量,须适时停水、停肥。一般情况下建议 8 月 20 日停肥;停水时间,北疆不能晚于 8 月 25 日,南疆不能晚于 8 月底。

（4）病虫害防治

依据病虫害防治技术规程,做好病虫害预防,使其损失不超过 3%。

（5）控制地膜污染

① 严格地膜质量标准。推广应用 0.012 ~ 0.015 mm 的加厚地膜,禁止使用 0.008 mm 的超薄膜。

② 做好残膜回收清理。揭膜时、秋翻前、春耕时的各环节做好人工或机械残膜回收,回收率要达到 95% 以上。残膜回收干净的标准是田间和地头地边没有 3 cm×3 cm 以上的地膜。

③ 采棉机下地前,坚决清理地头地边和挂枝残膜,尽最大努力减少残膜混入机采棉。机采结束后,清理干净残膜,避免污染。

④ 尝试使用生物降解膜代替塑料薄膜。

（6）科学使用脱叶催熟剂

① 严格落实喷施机具技术状态。喷施脱叶剂作业的拖拉机必须为高地隙拖拉机,性能可靠,前后行走轮必须安装分禾器。喷雾机的检修和保养应符合相关技术要求。

② 严格落实脱叶剂使用措施。选用通过国家标准的脱叶剂,药液的配方视棉田情况在规定范围内自定,药液应由植保员进行配制或监管。

③ 脱叶剂使用次数。

a. 对低密度稀植棉田(实际收获株数每公顷 120 000 株左右),采用脱吐隆、瑞脱隆,高地隙拖拉机、水平双层吊挂式高架喷雾器施药(行车速度 3.5~4 km/h),9 月 5 日开始、9 月 10 日前(或 30% 的株铃已吐絮时开始)一次喷施完成脱叶催熟,落叶率 93% 以上,9 月底平均吐絮率达 95% 以上。

b. 对高密度种植棉田(实际收获株数在 10 000~12 000 株),必须喷施两遍脱叶剂。

(a) 使用瑞脱隆:第 1 遍每公顷用量为瑞脱隆 375~450 g + 乙烯利 80 g + 助剂;第 2 遍用药量为瑞脱隆 180~225 g;两次喷药时间间隔 6~7 天。

(b) 使用脱吐隆:第 1 遍每公顷用量为脱吐隆 150~180 g + 乙烯利 105 g + 伴宝;第 2 遍用药量为脱吐隆 90 g;两次喷药时间间隔 6~7 天。

(c) 正常生长、早熟品种的棉田药量可适量偏少,贪青晚熟、密度大、郁蔽重的棉田药量可适量偏大。正常年份喷药时间:第 1 次 9 月 5 日~10 日(或 30% 的株铃已吐絮时),第 2 次在 9 月 15 日前结束,两次用药间隔 5~7 天。重播的棉花可适当延后喷施脱叶剂。

④ 脱叶剂喷施作业技术要求。

a. 将脱叶剂按规定要求配制好,先在地头试喷,察看机具工作状态和喷雾效果。

b. 根据预先在地头插好的标杆,进地作业。采用梭形行进,不重不漏。

c. 作业开始后,随即检查喷药的质量,查看植株上下叶片是否喷到药物。

d. 作业时,保持直线行驶,注意观察喷杆是否距棉花顶部距离一致;喷雾压力、油门、车速是否保持稳定;喷头有无堵塞现象。如有故障,及时停车排除。

e. 每公顷喷量控制:以"正常棉田适量偏少、过旺棉田适量偏多,早熟品种适量偏少、晚熟品种适量偏多,喷期早的适量偏少、喷期晚的适量偏多,群体冠层结构过大、棉田可适量偏多"为原则。高密度种植棉田在 450~600 kg,低密度稀植棉田在 600~675 kg。药液要喷到棉株的上、中、下部,叶片受药均匀,受药率不小于 95%。

f. 在正常作业的第一个行程后必须校正喷药量。根据已喷面积和用药量,计算实际亩喷药量与要求药量是否相符,若有差异应进行调整。

g. 为减少喷施第 1 遍脱叶剂后棉叶挂在棉株上,可在喷施第 2 遍脱叶剂时在喷雾机上加装有效装置,使棉花采收时落叶率达 93% 以上。

h. 严禁提早施用脱叶剂,北疆地区不允许在 8 月下旬使用;严禁脱叶剂和除草剂的混合使用。

⑤ 适量使用催熟剂。

棉花催熟药剂可用"乙烯利",一般结合脱叶剂混合后同步喷洒;乙烯利用量一般为 1 500~2 250 g/hm²,但需根据棉桃吐絮现况酌情增减。

第 3 章　棉花生产机械化技术

　　我国棉花的生产正经历从依靠人力手工作业为主阶段,进入到使用综合集成技术的全程机械化作业的关键时期。稳定国内棉花面积和产量,必须提高棉花生产的机械化水平。在棉花生产发展的历程中,棉花生产技术与装备的进步对棉花生产具有重大作用。

3.1　国内外棉花生产机械化现状

　　国外对棉花生产机械化的研究开始于 19 世纪四五十年代,经过 160 多年的科研进程,不仅实现了批量生产和大规模使用,而且棉花机械化发展已经相当成熟,自动化程度高,棉花机械耕、采、收已形成了包括机采前的化学脱叶催熟技术、机械采棉技术和机采棉的清理加工等相配套的技术体系。美国是目前棉花机械化生产最成熟的国家,已于 20 世纪 70 年代完全实现棉花机械化生产,机采棉机械化率为93%。为了进一步提高劳动生产率,美国大力发展大功率拖拉机和高效、复式作业配套机具,使用飞机喷洒农药进行棉田治虫。

　　我国棉花种植主要集中在西北内陆棉区、黄河流域及长江流域。由于诸多因素的限制,我国的棉花机械化水平还很低,各棉区之间、各生产环节之间机械化水平差异大,部分棉区机械化生产还处于刚刚起步阶段。据棉花产业技术体系调研数据分析,我国目前棉花生产中仅耕地和播种两个环节的机械化率超过了50%,分别为86.6% 和56.4%,采摘收获环节为13.1%,喷药、铺膜、施肥环节机械化率分别为42.5% ,33% ,24.1%。

3.1.1　耕整地机械化技术

　　棉田耕整地机械化技术的核心是深耕与深松。熟土层要深翻,心土层要深松,耕作层深度应大于 22 cm。土层深厚肥沃、质地疏松,才能使棉花吸足养料和水分,生长发育好,才利于高产和提高纤维品质。棉田耕整地机械化技术主要有以下3 种形式。

　　(1)深耕机械化技术

　　该技术用铧式犁或圆盘犁实现翻土、松土和混土,以利于恢复土壤团粒结构,增强蓄水保墒功能。铧式犁的机具有悬挂式三铧、四铧或五铧犁,最大耕作深度可达 26～28 cm。圆盘铧的机具耕作深度可达 22～25 cm,具有耕作阻力小、越障性能好及适应多秸秆田地耕作等优点。

（2）深松机械化技术

该技术使用通用型深松机、全方位深松机或鼠道犁作业,实现机械松碎土壤而不翻土,不乱土层,耕作深度可达 30～50 cm。其中,全方位深松机型可以与功率为 13.24～55.16 kW 的拖拉机配套作业。鼠道犁的机型可以与功率为 55～59 kW 的拖拉机配套作业,最大入土深度为 40 cm。

（3）深耕深松机械化技术

该技术通常采用在铧式犁的犁体后加装深松铲的办法来实现上翻下松、不乱土层的要求。深松铲有单翼铲和双翼铲 2 种。深耕深松机械的机型有悬挂式深松机,这种机型分别与功率为 55 kW 和 74 kW 的履带拖拉机配套作业,深松深度可达 34～45 cm。

3.1.2 种植机械化技术

我国产棉区的种植制度大体分两类,即一年一熟制棉区和一年两熟制棉区。西北内陆棉区和黄河流域大部分棉区为一年一熟制,春季用播种机播种;长江流域棉区实行棉花与各种作物套种和复种,为一年两熟制,棉花种植采用育苗移栽与播种方式。

（1）棉花播种机械化技术

在棉花播种机械化中广泛采用地膜覆盖技术,以增温保墒、蓄水防旱、抑制杂草生长、保护和促进根系生长发育、提早成熟、增加产量和改善棉纤维品质。

在国外,棉花播种机发展已经相当成熟,自动化程度已经很高,达到了精量播种的要求。在精量播种机上不但能实现整地、覆土、镇压、施肥、洒药、覆膜等作业,而且将新的技术应用于排种器,可保证排种的精确度,降低漏播率、重播率及种子破碎率。电子监视装置也已应用于棉花播种机上,其中棉花排种器主轴的转动情况是通过光电信号进行检测的,播种均匀度通过驾驶室中的数字显示,当排种发生堵塞时通过光信号与声信号进行报警,采用各种先进的检测仪器保证播种的精度;机具还安装有检测土壤各种主要元素含量的仪器,能够根据仪器检测的数值进行肥量结构的调整及播肥的数量调整,从而提高肥料的利用率。卫星定位技术、无人驾驶技术等高科技技术也应用到了棉花播种机中。

国内生产的棉花铺膜播种机种类较多,目前,这项技术已实现了机械化,技术上日臻完善。在动力使用上主要为机械牵引形式;从播种方式上分有穴播、条播、沟播、膜上播、膜下播和膜侧播等形式。

（2）棉花钵苗移栽机械化技术

棉花育苗移栽所需的营养钵制作可以用制钵机完成。长江流域棉区广泛使用冲压式制钵机：配制好的营养土喂入料斗后，由冲头在钵筒内冲压成型，再由冲杆将钵体推出钵筒，经输送机构送出机外。

钵体棉苗移栽除人工挖坑移栽外，大都先用机械开沟或打穴，然后用人工移栽，代表机型有与手扶拖拉机配套的移栽打穴机。国内研制开发的大钵体棉花移栽机、小钵体棉花移栽机，除上苗和人工投苗以外，开沟、施肥、注水、栽苗、覆土和压实均由机器一次完成，实现了我国棉花机械化移栽的突破，但这些机具还需进一步改进与完善，以提高其可靠性。

（3）棉花穴盘苗移栽机械化技术

随着"无土育苗"的诞生，国内棉花穴盘苗移栽面积在逐年扩大，而大面积的穴盘苗移栽若不采用机械作业是无法实现的，因此研制棉花穴盘苗移栽机十分必要。目前国内穴盘苗移栽机主要是半自动的，劳动强度比较大，移栽速度受到限制，工作效率低。为了实现移栽机全自动化，达到降低劳动强度、提高移栽效率的目的，解决穴盘苗输送问题意义重大。

3.1.3 田间管理机械化技术

棉花是中耕作物，田间管理作业项目有中耕追肥、植保、灌溉、整枝打顶和脱叶催熟等多项作业。

（1）中耕机械化技术

行间中耕要求铲除杂草，疏松土壤，中耕深度逐次由 10 cm 增加到 18 cm，施肥深度为 8～14 cm，苗行距为 10～15 cm，不漏施；行间开沟深度为 8～22 cm，沟宽为 30～40 cm，做到沟深一致，培土良好，不埋苗、不伤苗。中耕追肥机的机型有 ZFX－2.8 型悬挂式专用中耕追肥机、2BZ－6 型播种中耕通用机及 2BMG－A 型铺膜播种中耕追肥通用机等。

（2）棉田植保机械化技术

植保机械化技术用于棉花的病虫害防治、化学除草和喷施矮壮素、叶面宝等生长调节剂。常用的机械有背负式喷雾喷粉机、压缩喷雾器、手持电动超低量喷雾器、机引喷杆式喷雾机、农用飞机配喷雾喷粉设备。用户可根据经营规模和棉花不同生长期病虫害与灾情发生的程度，选用相应的植保机械。

（3）灌溉机械技术

棉花灌溉一般采用沟灌、喷灌、滴灌和膜上灌等灌溉方法，各地可根据条件因地制宜选用。喷灌机械有人工移管式、滚移式、软管卷盘式、电力驱动中心支轴式和平移式等各种形式。膜上灌溉技术是在地膜植棉基础上将铺膜方式加以改变，即改垄上覆膜为畦内铺膜,改膜侧沟灌为膜上畦灌。膜上灌比沟灌节水 44% ~ 56%,采用种灌溉技术,棉花播种要使用膜上灌播种机。

（4）打顶机械化技术

棉花打顶作业是棉花生产过程中的关键环节,以扼制棉株疯长,有利于增加果枝营养和霜前花。机械化打顶可以大大减少打顶时间、提高劳动效益、降低劳动强度、提高产量。

欧美发达国家在 19 世纪初就开始了棉花打顶机的研究,但后续对打顶机研发较少。我国棉花打顶机研发始于 20 世纪 60 年代初期,从蓄力牵引机械研究开始,逐渐发展为机械动力、液压驱动,并逐渐向自动化方向发展。近年来,随着棉花生产全程机械化的提出,棉花打顶已作为棉花全程机械化的关键环节。

3DDF－8 型棉花打顶机（见图 3-1）采用滚刀绕水平轴旋转的形式,单行仿形措施不采用人工手动控制,而是设置单行仿形轮,既可节省人力,又能提高工作效率。

图 3-1　3DDF－8 型棉花打顶机

3MD－3 型棉花智能打顶机（见图 3-2）采用智能打顶控制系统,搭载于高地隙拖拉机,可同时实现 3 行棉花的打顶作业。其应用高精度棉花高度检测传感器,结合伺服升降与双圆盘刀切削系统,能够根据棉花打顶时期的长势,在对作业速度、打顶高度等关键参数进行程序设置后,实现各行棉花精准仿形打顶。

图 3-2　3MD－3 型棉花智能打顶机

20 世纪以来,出现了拖拉机挂接的多行棉花打顶机,打顶机进入机械动力阶段,并逐步向大型化和自动化方向发展。未来的棉花机械化打顶机应将机电一体化技术、自动控制技术、传感器技术集于一身,实现对棉株高度的自动检测,并分析、处理获得的棉株高度数据;同时控制升降机构,使切割装置能精准地到达指定的棉株高度,实现智能化、自动化及精准化的打顶作业。

3.1.4　收获机械化技术

相对其他大田农作物,棉花的生产环节多,迫切需要发展和推广机械化作业。其中,又以机械化播种、制钵育苗、移栽、中耕追肥、植保和采摘收获等环节为核心内容。在棉花生产中,用工量多和机械化难度最大的作业是采收棉花。棉花采摘机械化技术分选收采棉技术和统收采棉技术。选收采棉技术,指利用选收机型直接将大田中的棉花絮从棉壳中采摘下来;统收采棉技术,指利用统收机型将大田中的棉花絮和棉桃等一起采收下来后再将籽棉与棉桃、杂质分离。

3.1.4.1　国外收获机械概况

到目前为止,国外采棉机有机械式、气力式及气力机械综合式,广泛应用的是机械式;按采摘部件的工作原理及结构可分为 4 大类:一是美国约翰迪尔公司、凯斯公司生产的水平摘锭采棉机;二是苏联设计制造的垂直摘锭自走式采棉机;三是美国约翰迪尔公司生产的刮板毛刷统收采棉机;四是阿根廷生产的不对行统收采棉机。以美国、以色列、澳大利亚为代表,率先实现了全机械化采棉。近年来发展趋势是以采棉、打包多功能一体机为主,而且发动机的功率在逐步提高;采摘部件的行数由 4 行、5 行发展到 6 行,作业速度也相应提高。

美国是世界上棉花生产和出口的大国,也是棉花生产机械化水平最高的国家。美国于 1850 年研制出第一台采棉机,1942 年开始批量生产,1970 年机采棉率已达 99％ 以上。目前美国采棉机市场基本被迪尔公司和凯斯公司两家企业垄断。迪尔公司的代表性产品有 9910 与 9930 型双行采棉机,9950 与 9965 型 4 行采棉机,9970 型 5 行与 9976 型 6 行采棉机;凯斯公司的代表性产品有 782、1822 与 2022 型双行采棉机,1844 与 2155 型 4 行采棉机,2555 型 5 行与 CPX610 型 6 行采棉机。进入 21 世纪后,5 行、6 行采棉机为美国主流机型。

苏联于 1924 年研制出第一台气吸式采棉机,1939 年成功研制出第一台垂直摘锭式采棉机,1948 年开始批量生产垂直摘锭式采棉机,20 世纪 70 年代末,采棉机械化程度达 60％ 。目前生产的垂直摘锭式采棉机将摘锭安装在与地面垂直的采棉滚筒上,结构简单、制造容易、价格低,但自动化控制水平低、操作性能较差、人工辅助作业时间多。

阿根廷从 20 世纪 40 年代就开始了棉花收获机械化技术研究,面向用户为中小规模棉花种植户,采取不对行采摘,设计理念也迥异于美国等摘锭式采棉机"机械手"概念。2006 年,由 DOLBI 公司生产的 JAVIYU 梳齿式采棉机是一种新型的棉花采摘机械,即将籽棉、青铃、枝叶等收回,并自带简易清花设备,可将大部分枝叶分离清选出。该机具有结构简单、造价低的特点。

3.1.4.2　国内收获机械概况

我国开展采棉机械化研究工作主要走的是引进、消化、吸收国外先进技术并逐步过渡到自主研发、再创新的技术发展路线。我国曾在北京、新疆、江苏、辽宁及河南安阳等地试验过苏联的垂直摘锭式采棉机,但由于轧花厂没有合适的清花设备配套,含杂多的机采籽棉无法符合收购的要求而未能用于生产。1996—2002 年,通过对国外先进采棉机的引进、消化、吸收,完成了 4MZ－3、4MZ－5 两款国产水平摘锭式采棉机的研发,但其核心部件采摘台的设计是依照美国水平摘锭式采棉机进行设计制造的,核心部件主要依靠进口。

目前,我国棉花生产过程中的种植环节已基本实现机械化,但采收机械化却严重滞后,仍需要大量采用人工,其采收成本高、劳动强度大、收获效率低,用工量占全生产过程的 1/5～1/3,极大地影响棉花种植效益,已成为制约我国棉花国际竞争力及产业发展的主要障碍。近年来,随着我国经济的快速发展,农业劳动力成本不断上涨,加快棉花采收机械化进程的呼声越来越高。

3.1.5　加工机械化技术

棉花加工机械化技术是用机械对收获后的籽棉进行清理、轧花、皮棉清理、皮棉打包、棉籽剥绒和种子处理等初步加工的技术。国内已有成熟的加工设备可供选用,已能生产 15 大系列 50 多个品种的棉花加工机械及成套设备。棉花种子加工要先脱去残留在棉籽上的短绒,然后进行清选、分级和拌药处理。脱绒方式有化学脱绒和机械脱绒两种。常用的化学脱绒方式有稀硫酸脱绒和泡沫酸脱绒,机械脱绒设备有刷轮式棉籽脱绒机,加工成本大大低于稀硫酸和泡沫酸脱绒。

3.2　棉花生产机械化途径和工序流程

3.2.1　棉花生产机械化途径

鉴于各地区棉花生产的多样性,应尽可能地研发多种类棉花收获机械并扩大其适应范围。针对黄河流域及长江流域的小规模种植户棉花生产的现状和特点,研制出适用于小块棉地、减轻劳动强度、提高劳动生产率、小巧灵活、结构紧凑的采棉机械。针对西北内陆棉区,尤其是新疆建设兵团为主要服务对象的棉区,应研制适用的大中型采棉机械,供经营规模在 500 亩以上的个人或单位使用。

筛选和培育适合机械化作业的品种。适合机采的品种特性:短果枝,株型紧凑,吐絮集中,含絮力适中,维纤较长且强度高,抗病、抗倒伏,对脱叶剂化较敏感的棉花品种。

研究适合机械化作业的农艺技术。确定与现代农业生产装备、栽培技术相适应的从种植到收获加工的总体技术路线和区域模式;研究制定规模化、标准化、适合机械化作业的先进、实用的棉花栽培种植技术体系,从而提高农艺技术与农机的适应性;确定各主产区典型技术模式和技术体系,给棉农明确的方向引导和成功的典型模式示范,系统推进棉花生产机械化发展。

加强棉花生产机械化技术数据库的建设,及时交流棉花生产机械化科技动态、市场需求、新产品信息、棉花机械行业或国家标准信息、国家扶持政策等,为棉花生产机械化技术的发展和应用提供信息服务。

建立和完善棉花机械社会服务体系。在棉花机械化生产技术的研究与推广过程中,除了有健全的科研管理体系外,还应建立完善的社会服务体系。这些服务组织代表棉农和农机科研与企业的利益,在推进棉花机械化发展、反映农民要求、沟通政府与民间的联系,以及为棉农提供各类专业化服务方面,将发挥极为重要的作用,从而形成为棉农作业提供综合服务和示范、推广、服务为一体的多元化棉花机械服务体系,促进棉花生产产业链的发展。

3.2.2　棉花生产机械化工序流程

棉花生产机械化技术是指从棉田耕整地、化肥深施、喷药、铺膜播种、中耕追肥、田间管理、棉花采收、棉秆清除及粉碎还田的全过程实现机械化的一项综合性技术。棉花生产机械化详细工序流程如图 3-3 所示。

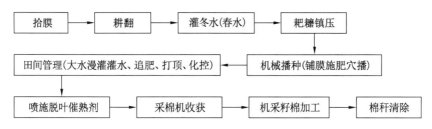

图 3-3　棉花生产机械化详细工序流程

第 **4** 章 棉花耕种机械化技术

棉花耕种机械化技术主要包括棉田土地平整、耕整地、直播、棉苗移栽、膜下滴灌种植等环节机械化技术。下面从技术要求及配套机具方面加以具体阐述。

4.1 棉花机械化耕整地技术

4.1.1 播前耕整地农艺要求

（1）品种选择

同一种植区域应选择统一品种。在适合当地生态条件、种植制度和综合性状优良的主推品种中选择短果枝、株型紧凑、吐絮集中、含絮力适中、纤维较长且强度高、抗病抗倒伏、对脱叶剂比较敏感的棉花品种。

（2）株行距配置，采用地膜覆盖栽培

同一机采棉区域内，统一播种密度和种植行距配置，播种密度应达到6 500 株/亩以上（穴盘或钵体苗移栽可参照执行），以便机械化采收作业。适合统收及选收式采棉机的种植行距为 76 cm 或（66 + 10）cm。

（3）种子质量

种子质量是精量播种技术实施的关键，因此，在机械清选棉种的基础上，人工必须进行逐粒精选工作，种子纯度要在96% 以上，净度在95% 以上，发芽率在85% 以上，含水率低于 12%。经药剂包衣处理后，残酸含量小于 0.15%，破碎率小于3%。

（4）化学除草

播前化除要在整地后施用效果良好、无公害的除草剂，达到均匀一致、不重不漏、及时耙地处理。

（5）土地准备

机采棉地块播种要求统一时间、统一品种。11 月上、中旬进行耕翻，耕深 25 ~ 30 cm，翻垡均匀，扣垡平实，不露秸秆，覆盖严密，无回垄现象，不拉沟、不漏耕。春季播种前棉田进一步整理，达到下实上虚，且虚土层厚 2.0 ~ 3.0 cm 的要求，以利于保墒、出苗，确保播种前田间整地达到"齐（规划整齐，犁地、耙耱等机械作业时田边或中间不能遗留空白）、平（地表平坦，土壤表层无垄起和明显凹坑）、松（土壤耕层疏松、上虚下实)、碎(土壤细碎,表层无直径超过 2 cm 的土块)、墒(要在土壤墒情适宜时犁地,这时土壤松散,整地容易,同时可使播种时土壤保持适当的含水量,有利于种子发芽和防旱保墒)、净(田内无作物根茬、杂草、废旧地膜)"标准。

① 为提高采棉机作业效率,机采棉田应选择集中连片、肥力适中、地势平坦、便于排灌、交通便利的地块。作业规模上,摘锭式采棉机一般要求地块长度在 500 ~ 1 000 m,面积在 100 亩以上;统收式采棉机一般要求地块长度在 200 ~ 500 m,面积在 30 亩以上。

② 严格掌握平地质量。茬灌地应在犁地以后和除草剂封闭前复平,要求地面高度差在 5 cm 以内。

③ 注重耕翻质量。作业前要填沟、平高包,做到及时平整;棉田四周拉线修边,做到边成线、角成方;机力粉碎棉秆,拾净残茬并带出田间;田间不得有堆积的残根、残物及其他影响机械作业的杂物。

④ 耕翻深度在 25 cm 左右;行走端直,扣垡平整,翻垄良好,覆盖严密,无回垄现象;地表无棉秆。

⑤ 播种前土地应做到下实上虚,虚土层厚 2 ~ 3 cm,有利于保墒、出苗。

（6）播种质量

当地膜内 50 mm 地温稳定在 12 ℃时,开始播种,最适宜播期为 4 月上、中旬;采用精量播种机,铺膜、播种、覆土一次完成;播量 15 ~ 30 kg/hm²,播种深度 2 ~ 3 cm,覆土厚 1.5 ~ 2.5 cm,棉花出苗株数应不少于 97 500 株/hm²;要求播深一致、播行端直、行距准确、下籽均匀、不漏行、漏穴,空穴率低于 3%;使用 2.05 m 超宽地膜,单行 76 cm(或 81 cm)等行距 1 膜 3 行;(66 + 10) cm 宽窄行为 2 膜 6 行;覆膜紧贴地面,要求松紧适度、侧膜压埋严实,防止大风揭膜。

4.1.2　耕整地机械作业环节

棉花耕整地机械化一般包括耕地、整地、平地环节。

4.1.2.1　耕地

为使耕作层土壤疏松并将地表作物残茬或肥料翻埋于地表下面,一般借助于机械将棉田地表土垡进行翻耕(通常翻垡角大于 120°),要求耕后地表平整,地表无残茬,无明显犁沟或土包等,地中、地头无漏耕现象。

耕地作业的作用是为棉花生育创造良好的土壤环境条件。根据地区、气候、自然条件及耕地传统,耕地方法大致可分为平翻(普通式和复式),深耕(全深翻、上翻下松、深松),旋耕和少、免耕。

（1）耕地作业的农业技术要求

① 在土壤宜耕期内结合施底肥适时耕地。

② 耕深应根据土壤、动力、肥源及气候条件确定,一般为 2.5 ~ 3 cm。耕深均匀一致,地表、沟底平整,土垡松碎,无明显垄台或垄沟。

③ 土垡翻转良好,无立垡、回垡,残茬、杂草及肥料覆盖严密。

④ 耕幅一致,不重耕、漏耕,地头地边整齐,到边到角。

⑤ 开垄、闭垄作业方法应交替进行,同一地块不得连续多年重复一种耕翻方向。

⑥ 耕翻坡地时应沿等高线进行。

（2）耕地机械

我国棉区辽阔,各地气候、地壤条件、耕作制度都有很大差异,耕地机具种类较多。按用途,耕地机械可分为旱地犁、水田犁、山地犁、深松犁和特种用途犁等;按部件工作原理,可分为铧式犁、旋耕犁、圆盘犁、深松犁等;按与拖拉机挂接方式,可分为牵引犁、悬挂犁、半悬挂犁等;按犁的强度大小和所适应的土壤等级,可分为轻型犁、中型犁、重型犁等。北方棉区耕翻土壤以铧式犁为主要机具,应用普遍;南方棉区耕地、灭茬则以旋耕犁为主要机具。

4.1.2.2 整地

为保证种植机械作业环节质量好,通常对待播棉田进行播前整地处理,通常为松土耙、平地耱、碎土辊、镇压器等,现在国内各大棉区已广泛应用可进行复式作业的联合整地机。

土壤经过犁耕以后,其破碎程度、紧密度及地表平整状态远不能满足播种作业的技术要求,必须通过整地作业进一步松碎和平整土壤,以改善土壤结构,保持土壤水分,为播种和种子发芽、生长创造良好条件。整地作业包括耙地、平地和镇压等作业项目。整地作业一般要求达到"齐、平、墒、碎、净、松"六字标准。

（1）整地作业的农业技术要求

① 整地及时,以利防旱保墒。

② 整地后土壤表层松软,下层紧密度适宜。

③ 整地深度符合要求,并保持一致。

④ 整地后地表平整,土壤细碎,无漏耙、漏压。

⑤ 整地前每公顷用氟乐灵 1.5 ~ 1.8 kg 兑水 450 kg 进行土壤封闭。将氟乐灵于夜间均匀喷洒于地表,喷后及时进行整地作业。

（2）常用的整地机械

常用的整地机械有圆盘耙、钉齿耙、拖板、镇压器和联合整地机等。

4.1.2.3 平地

为保证后续棉田中的灌溉、机械作业、作物成熟一致性等,棉田应具有良好的平整度。一般采用机械平地作业,如推土机、铲运机、平土机,黄河流域棉区则开始引进激光平地装置。

棉田地表的平整度对播种深度的一致性、铺膜平整度和压实性、灌水均匀性都有很大影响,对宽膜植棉和灌溉棉田更为重要。平地作业分工程性平地作业和常规平地作业。工程性平地每隔 3~4 年进行一次,目的是在大范围内消除因开渠、平渠、犁地漏耕等造成的地表不平,一般高差在 20 cm 以内的,要求把高处的土方移填到低处,并在大范围拉平。常规平地作业有 2 种:一种是局部平地,主要是在耕地后平整垄沟、垄台、转弯地头、地边地角等;另一种是播前全面平地,以消除整地作业时所形成的小的不平地面,同时也起到碎土和镇压作用。

（1）平地作业的农业技术要求

① 要及时平地,使土壤保持适当紧实度。

② 工程性平地,应在一定范围内使地面平整,并保持适宜的自然坡降。平地后地面不平度应小于 5 cm。

③ 平后的垄沟,土壤不应高出地面 8~10 cm,平垄台作业时,刮土板边端不应在地面留有高于 5 cm 的土埂。

④ 播前平地要求地面达到平整细碎。

（2）平地机械的种类

平地机属农田基本建设机具,用于平整土地、填沟、开荒造田、深翻改土等作业,一般包括推土机、铲运机、平地机等。工程性平地,一般以铲运机与刮板式平地机配合作业,常规平地作业则以刮板平地机为主。

4.1.3　耕整地机的结构与原理

4.1.3.1　深松旋耕联合整地机

深松整地技术可以打破坚硬的犁底层、加厚松土层、改善土壤耕层结构,蓄水保墒、增加地温、促进土壤熟化、提高土壤肥力、加速有效养分的积放过程;深层松土还能防止水土流失,使作物根系充分发育,增强抗风和防倒伏能力。

（1）组成结构

深松旋耕施肥联合整地机总体机构主要由限深轮、牵引装置、机架、深松装置、动力传动装置、旋耕装置、施肥装置、镇压轮组成,整体结构如图 4-1 所示。

机架包括三点悬挂装置、梁体、悬挂连接支架、后悬挂臂、调节拉杆、地面支撑杆。深松装置包括双翼凿形组合深松部件、连接部件。旋耕装置包括辅助机架、万向节、变速箱、刀轴、旋耕刀、刀轴支撑座板。施肥装置包括防缠绕施肥器、链轮传动部件、肥箱、连接部件。整机可根据需要分解重组,分别进行深松—镇压、深松—旋耕、旋耕—施肥—镇压等作业。

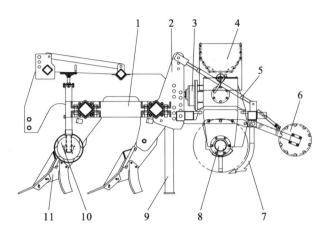

1—机架;2—后悬挂臂;3—变速箱;4—肥箱;5—调节拉杆;6—镇压轮;7—施肥器;
8—旋耕装置;9—地面支撑杆;10—限深轮;11—深松铲

图 4-1　联合整地机结构图

（2）工作原理

整地机工作时,采用三点悬挂方式与拖拉机连接,深松装置与旋耕装置通过后悬挂臂连接。整地机由拖拉机牵引前进,通过调节拖拉机中央拉杆及限深轮与地面的相对距离调节深松深度,使深松铲进入土壤深层,打破 25 ~ 35 cm 的板结层。拖拉机动力输出轴输出的动力经万向节联轴器传入旋耕机变速箱,经变速箱变速后驱动两侧旋耕刀轴,进行全幅旋耕;后悬挂臂上设置多个安装孔,结合使用调节拉杆调节旋耕深度。镇压轮通过链传动驱动外槽轮排肥器工作,通过防缠施肥器一次集中施足底肥。栅格镇压轮整形、压实,达到下实上虚的播种前整地要求。

田间作业要达到在秸秆覆盖量大的情况下,作业机具不出现壅堵现象;防缠施肥器工作可靠,排肥顺畅,防缠效果好;整机通过性能良好,整地质量达到要求。

4.1.3.2　旋耕复式整地机

（1）组成结构

旋耕复式整地机主要部件包括机架、万向节、传动齿轮箱、侧边齿轮箱、前浅旋耕刀轴、后旋耕刀轴、肥箱、防缠绕施肥器、镇压轮等。

（2）工作原理

整地时,拖拉机动力输出轴输出的动力,经万向节联轴器进入主变速箱,再由联轴器分别传给两个变速箱(由前旋耕变速箱和后旋耕变速箱组成),经变速箱变速后,前旋耕刀轴和后旋耕刀轴进行作业。机具在工作时,通过前旋耕刀轴上刀片的旋转运动完成根茬和表层土壤打碎抛洒,后旋耕刀轴的旋耕刀片的旋转将深层次的土壤进行破碎。防缠绕施肥器将肥料施在沟底一次集中施足底肥,镇压轮将旋松的土壤压实,便于后期播种作业。旋耕复式整地机作业图如图4-2所示。

图4-2 旋耕复式整地机作业图

(3)主要技术性能参数

① 外形尺寸(长×宽×高):1 845 mm×2 438 mm×1 258 mm。

② 配套动力:22~70 kW轮式拖拉机。

③ 工作幅宽:2 000 mm。

④ 刀轴转速(前):565 r/min(前);刀轴转速(后):312 r/min(后)。

⑤ 拖拉机动力输出轴转速:760 r/min。

⑥ 耕深(前):30~80 mm;耕深(后):100~150 mm。

⑦ 施肥深度:100~150 mm。

⑧ 作业速度:2~5 km/h。

⑨ 作业效率:6~10 亩/h(1 亩 =666.67 m^2)。

(4)性能指标

① 耕深稳定性变异系数:≤15%。

② 地表平整度:≤5 mm。

③ 碎土率:≥75%。

④ 植被覆盖率:≥55%。

⑤ 各行排肥量一致性变异系数:≤13.0%。

⑥ 总排肥量稳定性变异系数:≤7.8%。

(5)特点

① 复式整地施肥机一次作业满足播前土地整备要求。

② 双旋结构的研制解决秸秆全覆盖情况下作业效果差的问题,梯次旋耕减少动力消耗。

③ 适应性较强,对地表秸秆量大、土地坚实程度适应性好,作业时无壅堵

现象。

④ 具有结构简单紧凑、性能稳定、操作灵活、调整方便、使用可靠等特点。

⑤ 前旋耕刀片在刀轴上按螺旋排列,等切土进距,耕后碎土性能好、地表平整。

⑥ 防缠绕施肥器解决秸秆壅堵问题,机具在秸秆全覆盖地通过性良好。

⑦ 采用集中深施化肥技术,与人工撒施化肥相比每亩最少节省20%,亩增产6%～10%,经济效益好,减少化肥对环境的污染。

⑧ 采用光面圆柱镇压轮,该镇压轮转动灵活,不粘土,不壅土,压力均匀,调整方便,镇压后地表较少产生鳞状裂纹,满足播前土地整备要求。

4.1.3.3 联合整地机

以黄河三角洲区域应用的联合整地机为例,如图4-3所示。

图4-3 联合整地机

(1) 技术参数

① 外形尺寸(长×宽×高):7 250 mm×3 690 mm×1 330 mm。

② 连接方式:牵引式。

③ 耙组配置方式:双列、四组、对置。

④ 整地机构型式:钉齿耙、碎土辊组合。

⑤ 耙片数量:46 片。

⑥ 耙片直径:460 mm。

⑦ 配套动力:58.8 kW。

⑧ 设计耙深:100 mm。

⑨ 设计耙幅:3 600 mm。

⑩ 耙片间距:170 mm。

⑪ 耙组偏角范围:0°～13°。

⑫ 质量:2 100 kg。

（2）性能指标

运输间隙≥150 mm；耙深稳定性变异系数≤15%；碎土率≥70%；耙后地表标准差≤3.5 cm。

4.1.3.4　激光整地机

以黄河流域应用的激光整地机为例，如图 4-4 所示。

图 4-4　激光整地机

激光技术可用于平地、开沟、铺设管道等农田基本建设和排灌作业。激光的平行度高、稳定性强，用来作为测量水平度、垂直度、平直度和坡度的基准面，具有很高精确度。将光电液与平地机械一体化应用于大块农田的精细平地作业，平地精度可达 ±2 cm。

（1）组成结构

激光平地系统包括激光发射装置、激光接收装置、控制装置和平地机械。作业时激光发射器发射出一极细的光束，激光探头可作 360°旋转，为作业区域提供一个恒定坡度的基准面。激光接收器安装在平地铲的伸缩调整杆上，通过接收器上的3 个电眼准确地跟踪快速旋转的激光束，3 个电眼自上而下排列，中间的电眼就是标定高度基准，上边的电眼可使平地铲上升，下边的电眼则使其下降。控制装置安装在驾驶室，每秒接收 5 个信号，如机组行驶的位置高于或低于基准位置，指示灯立即显示出误差，同时打开液压控制阀，自动校正平地铲的工作深度，若机组行驶位置处于标定基准的允许误差范围内，则液压控制阀处于关闭位置。激光有效工作半径 200 m，适用于高差小于 15 cm 的地块作业，精平精度 ±2 cm，粗平精度±4 cm，探头转速 300～600 r/min。

（2）平地作业方法

① 进行工程性平地时，可用平地机以直角交叉方式平整 2～5 次。当地表不平度在 10～12 cm 时，可对角线行走平地；当不平度达 20 cm 时，应采用对角交叉法平地。最后一次应顺地边的平行方向平一次，两次行程的接幅应重叠 20～25 cm。

② 播前平地时,如在有一定紧密度的地块作业,可将平地铲尖向前装成锐角,以便刮土、切土;如在土壤较疏松的地块作业,可将平地铲尖向后,以便使平地铲能同时起到压实地表的作用。两次行程的接幅应重叠 30~40 cm。

4.2 棉花机械化直播技术

4.2.1 直播农艺要求

直播要求一年一熟制,地膜覆盖,标准化种植。出苗株数要不少于 6 500 株/亩,种植密度每公顷 70 000~100 000 株,行距配置为 76 cm 或(66 + 10)cm。深度 5 cm 地温稳定在 15 ℃时播种,正常春棉于 4 月 20—30 日播种;短季棉晚春于 5 月 15—25 日播种。条播时每公顷用种量 30 kg 左右;穴播(每穴 1~2 粒)时每公顷用种量 20~25 kg。采用多功能精量播种机械,播种、铺膜、覆土、喷施除草剂一次完成,有条件的地方可采用卫星定位导航技术,实施精准播种,保证行距一致性(定位导航技术播种效果图及现场图分别见图 4-5 和图 4-6)。播种深度 2~3 cm,要求播深一致、播行端直、行距准确、下籽均匀、不漏行漏穴,种子覆土厚度合格率达 90% 以上,空穴率 <3%;地膜厚≥0.008 mm,作业中地膜两侧埋入土中 5~7 cm,覆膜紧贴地面,铺膜平展,要求松紧适度、侧膜压埋严实、覆盖完好,防止大风揭膜,膜孔全覆土率达 90% 以上,膜边覆土厚度和宽度合格率均在 95% 以上。播种后遇雨土壤板结,要及时破壳,助苗出土。

图 4-5　定位导航技术播种效果图

图 4-6　定位导航技术播种现场图

4.2.2 直播机具类型和特点

黄河三角洲地区的棉花种植一般包括春棉的播种覆膜种植和基于麦棉连作的夏棉直播。

新疆棉区典型播种机形式在黄河流域不适用的原因有二:一是新疆的棉花播种机大都采用先覆膜,然后进行膜上打孔播种的方式进行,但在黄河三角洲地区,容易受倒春寒影响,棉花播种之后可能会遇到低温多雨天气,膜上打孔后会影响防冻效果,如遇降雨,种穴内形成高湿低温的环境,极易造成烂种、烂芽,雨后极易造成土壤板结,而单株棉苗的破土能力又较差,会产生部分棉苗无法破土,造成出苗率低。二是引进机具的排种器大都采用鸭嘴式排种器,这种排种器在新疆的棉花播种机上被广泛应用,由于新疆土质多为沙壤土质,取得了很好的作业效果,实现了棉花的单粒精播,但若遇到黏性土质,极易堵塞鸭嘴,造成缺苗。

根据黄河三角洲的具体作业要求自主研发的 2BMC－4/8 型棉花双行错位苗带精量穴播机(适用于沙壤土质)、2BMMD－4 苗带清整型夏棉精量免耕播种机适用于麦棉连作夏棉直播,2BMJ－2/4A 型棉花覆膜精量播种机、2BMZ－3/6A 型折叠式覆膜精量播种机适用于春棉覆膜播种。

4.2.3　直播机的结构与原理

4.2.3.1　双行错位精量穴播机

（1）整机结构

2BMC－4/8 型棉花双行错位精量穴播机的整体结构(全旋耕—施肥—镇压—播种—镇压)如图 4-7 所示,其主要由牵引装置、机架、动力传动装置、旋耕—镇压整地装置、施肥装置、单铰接仿形播种装置和镇压轮等组成。机架包括三点悬挂装置、前后横梁、连接侧板、安装播种单体的辅助连接架;旋耕—镇压整地装置包括变速箱、全幅旋耕刀轴、刀座、旋耕刀、整地镇压轮;施肥装置包括肥箱、传动系统、施肥开沟器,安装于机架前后主横梁之间;四组播种单体各自通过单铰接机构与辅助机架相连,保证播深一致性。

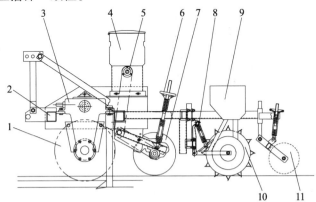

1—旋耕机构;2—机架;3—变速箱;4—肥箱;5—肥量调节机构;6—镇压轮调节机构;
7—整地镇压轮;8—种箱;9—仿形机构;10—错位排种器;11—对行镇压轮

图 4-7　2BMC－4/8 型棉花双行错位精量穴播机结构图

（2）工作原理

播种机工作时，通过三点悬挂与拖拉机连接，由其牵引前进，拖拉机的动力输出轴将动力传递给变速箱，由变速箱驱动两侧旋耕刀轴进行全幅旋耕，刀片逆时针高速旋转，将地表覆盖植被打碎并与土壤充分混合，减少单位体积的秸秆含量，最大程度降低秸秆对棉花生长的影响，同时避免秸秆缠绕开沟器，保证机具通过性；旋耕后，布置在机架后横梁的施肥开沟器进行化肥侧深施，施肥深度 9～10 cm，种肥横向间距 12 cm，提高肥效利用率，同时避免烧苗；然后由通辊镇压轮碎土、整形、镇压，保证地表压实度，创造棉花播种所需种床需求；通辊镇压轮上装有防滑装置，转动可靠，在镇压整地的同时为排肥系统提供动力；种床整备完成后，在拖拉机牵引下，四组播种单体作业，双行错位排种器转动，将种子穴播入土，然后覆土镇压。旋耕深度可以根据农艺要求进行调节，肥箱上设有排肥量调节装置，可通过手动调节外槽轮排肥器槽轮工作长度实现排肥量大小调节。

4.2.3.2 苗带清整型棉花精量免耕播种机

（1）整机结构

苗带清整型棉花精量免耕播种机主要由限深轮、牵引装置、机架、变速箱、苗带清整装置、肥箱、平行四连杆机构、种箱、镇压轮、地轮、勺轮式排种器、排种开沟器、施肥开沟器等构成，结构示意图如图4-8所示。

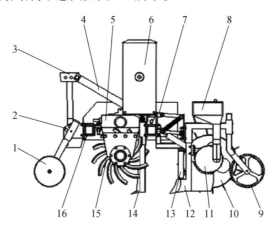

1—限深轮；2—牵引装置；3—中央拉杆连接板；4—中央拉杆；5—变速箱；6—肥箱；

7—平行四杆机构；8—种箱；9—镇压轮；10—地轮；11—排种器；12—排种开沟器；

13—防堵圆辊；14—施肥开沟器；15—清草灭茬装置；16—机架

图4-8 苗带清整型棉花精量免耕播种机结构示意图

（2）工作原理

本播种机采用三点悬挂方式与拖拉机连接，工作时，动力经拖拉机的输出轴传递给变速箱,经变速箱改变转速后由变速箱输出轴传递给清草灭茬刀轴,带动刀轴上的旋耕刀顺时针高速旋转;遇到秸秆、杂草、根茬时,在特殊排列的刀片的切割、拨指作用下,秸秆、杂草等被切碎并拨向两侧,同时浅旋碎土,清理出 30 cm 宽的播种作业带,解决秸秆堵塞,避免秸秆等对棉花生长的影响,同时破除地表干土层,为后续播种提供有利条件;然后尖角式施肥开沟器深施底肥。本机设置地轮为排肥机构与排种机构提供动力,地轮上焊接抓地爪,增大地轮与地面的附着力,有效降低滑移率,转动可靠。机组工作时,在拖拉机的牵引下,灭茬清草刀轴旋转,地轮转动,带动外槽轮排肥器转动排肥,施肥开沟器入土深施肥,勺轮式排种器旋转排种,播种开沟器同时开沟播种,镇压轮对行镇压。同一组中,种肥横向间距 12 cm,纵向间距 7 ~ 8 cm,实现侧深施肥。为保证播深一致性,播种单体与机架之间采用仿形机构连接。

4.2.3.3　覆膜播种机

（1）整机结构

2BMJ – 4 型棉花覆膜播种机结构如图 4-9 所示,该机采用三点悬挂方式与轮式拖拉机挂接,一次进地即可完成苗带干土清理、开沟、施肥、播种、铺膜、压膜、覆土等多项作业,其结构主要包括牵引悬挂装置、划行器、四连杆仿形机构、肥箱、种箱、地轮、可折叠装置、覆土滚筒、覆土圆盘、压膜轮、膜辊、铺膜开沟铲、镇压轮、勺轮式排种器、播种开沟器、施肥开沟器、刮土板等。

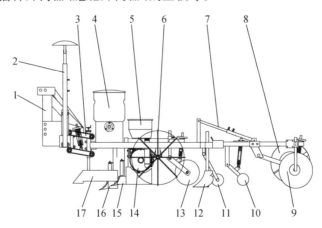

1—牵引悬挂装置;2—划行器;3—四连杆仿形机构;4—肥箱;5—种箱;6—地轮;
7—可折叠装置;8—覆土滚筒;9—覆土圆盘;10—压膜辊;11—膜辊;12—开沟铲;
13—镇压轮;14—勺轮式排种器;15—播种开沟器;16—施肥开沟器;17—刮土板

图 4-9　2BMJ – 4 型覆膜播种机结构示意图

（2）工作原理

棉花覆膜播种机工作前,先将覆土滚筒抬起,再将地膜横头从膜卷上拉出,经压膜轮和覆土滚筒拉到机具后面,用土埋住地膜的横头,然后放下覆土滚筒,机组开始前进,机具前部的刮土板的苗带刮土部分将苗带表面的干土层清理掉,刮土板的后部分将被清理的干土分向两侧并尽量刮平,以方便铺膜作业;然后施肥开沟器开沟,地轮转动并通过传动链轮链条传给排肥器,实现播种机的施肥功能,播种开沟器同时开沟,地轮转动带动排种器排种,后面的镇压轮进行镇压;接着覆膜开沟铲开沟,机具行走带动地膜辊旋转,地膜逐渐脱离地膜辊平铺于地表,地膜两侧通过压膜轮压入铧式犁开沟器开好的沟内,紧接着覆土圆盘将一部分土翻入地膜沟中,经膜上镇压轮压实,另一部分土翻入覆土滚筒内,覆土滚筒内的导土板将土输送到滚筒的另一端覆在地膜上,防止大风揭膜,完成整个作业过程。

4.2.3.4　折叠式覆膜精量播种机

（1）整机结构

折叠式覆膜精量播种机主要由可对折机架、种带干土块清理机构、同位仿形机构、播种装置、施肥装置、开沟器、镇压轮、覆膜装置等部分组成,如图 4-10 所示。可折叠机架由 3 个框架组成,每个框架与一组播种施肥覆膜机单体通过四连杆相连,2 个液压油缸分别连接两侧框架,通过液压油缸的伸缩带动两侧框架作 90° 对折;机具道路行走状态两侧机架与中间机架呈 90° 布置,这样可以大大缩短机具的宽度,提高机具的道路通过性;机具工作状态两侧机架与中间框架呈 180°,这样可以实现 3 膜 6 行宽幅播种。

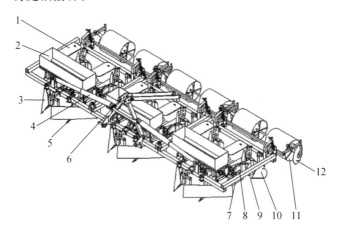

1—种箱;2—肥箱;3—推土铲;4—液压油缸;5—施肥开沟器;6—三点悬挂装置;7—播种开沟器;
8—勺轮式排种器;9—镇压轮;10—铧式开沟器;11—圆盘覆土器;12—覆土滚筒总成

图 4-10　折叠式覆膜精量播种机结构简图

（2）工作原理

整机通过三点悬挂装置与拖拉机连接,工作时机具前进,苗带干土块清理机构随机具前进,对置式平土铲把地表的干土块清理到苗带两侧,施肥开沟器入土 8～10 cm,与播种开沟器距离 10～15 cm,土壤的摩擦使镇压轮旋转。通过链条,链轮带动排种、肥轴旋转,从而进行排种、施肥。覆膜机构包括地膜辊、开沟器、压膜轮、覆土器、地膜压实及覆土滚筒等。地膜平放在地膜辊上,地膜一头用土埋好,机具行走时带动地膜辊旋转,地膜逐渐脱离地膜辊平铺于地表,地膜两侧通过压膜轮压入铧式犁开好的沟内,后侧的圆盘覆土器通过调整圆盘与行走方向的夹角调整覆土的数量。后面的覆土筒内部装有螺旋绞龙装置,也通过圆盘覆土器把部分土壤运送到地膜中部,防止大风对地膜的损害。这样就完成了整个种带干土块清理、播种、施肥、覆膜的全过程。

4.2.4　机械化直播技术

黄河流域棉区棉花为一年一熟制,春季使用播种机播种。黄河三角洲区域棉花播种已基本实现机械化,初步实现了种肥同施、铺膜覆盖和精量播种。

（1）棉花机械化精量播种技术

棉花精量播种又称精密播种,是在点播的基础上发展起来的一种播种方法,它采用机械精量播种机,将单粒或多粒棉花种子按照一定的距离和深度准确的插入土内。棉花机械精量播种主要有以下优点:

① 减少播种量,降低生产成本。

② 减少间苗,省工省力。

③ 有利于培育壮苗。

（2）棉花机械化覆膜播种技术

在棉花播种机械化中广泛采用地膜覆盖技术,以增温保墒,蓄水防旱,抑制杂草生长,保护和促进根系生长发育,提早成熟,增加产量和改善棉纤维品质。目前该技术从播种方式上分有穴播、条播、沟播、膜上播、膜下播和膜侧播等形式。

（3）棉花机械化旋耕施肥播种技术

旋耕施肥播种是把施肥、播种部件与旋耕机组合在一起,使之达到一次作业,同时完成旋耕整地、分层施肥、精少量播种等多道工序,从而大大缩短耕整地和播种时间。由于在播种的同时进行了旋耕,提高了土壤的透气性和蓄水能力,消灭了杂草,减少了病虫害,增产效果显著。一般采用侧深施肥,即把化肥施于种子侧下方,距种子 7～12 cm,避免烧苗、烂苗。

4.3 棉花机械化移栽技术

4.3.1 机械化移栽农艺要求

4.3.1.1 基于机械移栽的棉花育苗

(1) 育苗物资准备

① 备种。选用优质、高产、多抗的杂交棉品种。种子经筛选,去除破籽、瘪籽、嫩籽,挑选健籽,播前先晒 1~2 h,确保出芽率。实现健籽壮苗,确保苗床出苗率达到 85%。

② 基质准备。按照每公顷大田 30 袋的标准准备育苗基质,育苗前将基质用水打湿,搅拌。基质以手握成团,有 1~2 滴水渗出,松手即散开为宜。切忌水分过大,以免影响出苗。

③ 穴盘准备。选 70 孔穴盘 375 张/公顷(70 孔穴盘,长 60 cm、宽 33 cm),100 孔密度太大,不利于壮苗生长,54 孔又浪费穴盘,增加成本。

④ 床址选择。选背风向阳、地面平坦、地势高、排水方便、便于管理的地块作苗床。苗床宽 1.2 m,可摆放 2 个穴盘,长度按所需苗床面积确定,床底铺农膜,防止棉苗根系下扎,膜上摆放穴盘。

(2) 播种

① 播期。适时播种,按移栽时间倒推播种时间,空茬棉 4 月上旬播种,菜茬棉 4 月中旬播种。如规模化育苗,需分期、分批播种。

② 装盘。把浸湿搅拌过的基质装入穴盘,用竹片刮平盘面,按每排 2 张穴盘放入苗床,准备播种。

③ 嵌套播种。为了能使穴盘基质紧实牢固,整体脱盘不破碎,特在穴盘中嵌播麦种,依靠麦苗根系抓紧基质,等移栽后麦苗会因温度过高被晒死。按 1 穴 1 粒(或 2 粒)棉种和 2 粒麦种播种,种子一律需经过精选,晾晒,以提高其成苗率。播种深度以 2~3 cm 为宜,过深出苗不整齐,不易管理,过浅容易戴帽出土,不利于培育壮苗。

④ 覆盖。播种过后先盖上基质,然后铺上地膜,插上竹弓,盖上农膜。

(3) 苗床管理

① 苗床以控温管理为主,防止形成高脚苗。棉苗出苗达到 80% 左右时,即可揭膜通风降湿,棉花从出苗到子叶平展,要求温度保持在 25 ℃ 左右;齐苗后注意调节温度,及时通风;真叶长出后,温度保持在 20~25 ℃。上午揭膜通风,下午覆盖,后期随着气温的升高,日夜揭膜炼苗。如遇低温或阴雨天,继续盖上薄膜,做到苗不离地、膜不离床。

② 水分管理。掌握"干长根"原则,苗床以控水为主,根据基质墒情、苗情浇水。穴盘育苗由于基质用量少,易干旱,小拱棚育苗,需将穴盘紧密码放,无缝隙,底部铺农膜使底部膜上有积水,这样可减少浇水次数,节省用工。苗床表面与底部皆干燥时,每天可补水 1 次,移栽前 5 ~ 7 天开始炼苗,使棉苗红绿茎比达到 1:1。基质育苗的壮苗标准:根据穴盘基质育苗的特点,前期生长以长根盘根为主,苗龄 35 天,每株有真叶 2 ~ 3 片,苗高 17 cm,子叶完整,叶片肥厚无病斑,根多、根白且盘于穴盘内。

移栽的要求:随起苗,随移栽;栽健壮苗,不栽瘦弱苗;栽高温苗,不栽低温苗;栽爽土,不栽湿土;栽活土,不栽板结土;栽深,不栽浅;定根水宜多不宜少。

4.3.1.2　移栽作业模式

（1）精细整地

为了保证移栽质量,移栽土壤要求达到土平土松,土细土爽,在移栽前做到精细整地,达到"干、细、爽"的标准,为提高棉苗移栽成活率创造条件。同时,早施、足施底肥,移栽时的施肥量同营养钵育苗移栽,施肥时间不迟于移栽前 20 天,肥料与棉花裸根之间距离为 15 cm 左右,防止距离较近而造成"烧苗"。

（2）移栽时间

空茬棉移栽时期为 5 月中上旬,苗龄 35 天左右。菜茬棉为 5 月中下旬,苗龄 35 天左右,叶龄为 2 ~ 3 片真叶。

（3）移栽方法

采用移栽机进行移栽,栽深 7 ~ 8 cm,正常情况下以棉苗子叶节高出地面 2 ~ 4 cm 为标准。栽后要浇足定根水,1 株棉苗大约需浇定根水 50 mL,以提高其成活率。

（4）作业模式

① 蒜棉套种。建议将现行的大蒜种植带宽度由 90 ~ 110 cm 缩小为 76 cm,采取 3 - 1 式种植,即种植 3 行大蒜、1 行棉花,大蒜株距为 12 ~ 15 cm,行距调整为 20 cm,两侧与棉花行间距为 18 cm,大蒜密度可以保持在 30 万株/公顷左右。棉花应选择夏播棉密集型品种,逐步增加密度。

② 棉麦套种。建议将原来棉麦套种 3 - 1 式、3 - 2 式、4 - 2 式等模式均改成 3 - 1 式种植,即种植 3 行小麦、1 行棉花,种植带缩小为 76 cm,小麦行距调整为 20 cm,两侧与棉花行间距为 18 cm,棉花株距为 15 cm 左右,保证棉花密度为 7.5 万株/公顷以上。

③ 棉薯套种。建议将 2 - 2 式改为 1 - 1 式,以 76 cm 为一个种植带,棉花、马铃薯各种植 1 行,都采用等行距种植,马铃薯单垄单行种植,株距 18 cm,6 万株/公顷以上,棉花株距 15 cm,7.5 万株/公顷以上。

④ 棉瓜(西瓜)间作。仍采用 2 – 1 式,以 152 cm 为一个种植带,种植 1 行瓜,棉花植于西瓜行两侧、瓜棉相距 38 cm,棉行距 76 cm。这种模式基本保持原来的模式和密度。

⑤ 纯作模式。纯作模式包括春播棉和麦茬棉,配套移栽机和采棉机,按照等行距 76 cm 的模式种植棉花,株距 20 ~ 25 cm,种植密度应保持在 9 万株/公顷以上,形成标准化种植和作业模式。

4.3.2 移栽机具类型和特点

移栽机按栽植器结构特点分为钳夹式、链夹式、导苗管式、吊杯式、带式移栽机等,其中钳夹式、链夹式移栽机适合裸苗移栽,不适合穴盘、钵体棉花苗移栽。国内外常见的棉花移栽机主要有以下几种类型。

(1) 吊杯式移栽机(或鸭嘴式移栽机)

常见的吊杯式移栽机有四行履带自走式移栽机,如图 4-11 所示。

图 4-11　四行履带自走式移栽机

吊杯式移栽机适合穴盘、钵体棉花育苗移栽,行距、株距可调,可在膜上移栽,在栽植过程中吊杯对钵体或穴盘苗有扶植作用,且棉花育苗落地时近似摆放状态,无冲击作用,棉花钵体或穴盘苗移栽直立度较好,伤苗率低。本移栽机由于投苗方式是人工投苗,因此棉花钵体或穴盘苗移栽时会出现漏苗现象,同时在一定程度上限制了移栽效率的提高(目前效率 0.08 ~ 0.1 hm^2/h)。

(2) 导苗管式移栽机

导苗管式移栽机如图 4-12 所示,该机适合穴盘、钵体棉花育苗的移栽,行距可调,投苗方便,棉花育苗直立度较好,伤苗率低,整机性能稳定、可靠,作业时开沟、浇水、移栽、覆土同时进行。缺点是株距不容易控制,不宜膜上移栽,对土地旋耕、平整等前期整理要求高。

图 4-12 导苗管式移栽机

（3）带式移栽机

带式移栽机如图 4-13 所示，是由人工将方形钵体棉花育苗摆放到移栽输送带上，由输送带直接将钵苗投放至开沟器开好的栽植沟里，再由覆土镇压轮将钵苗扶正、覆土、压实。机器性能稳定，作业效率较高，伤苗率低，行距可调。缺点是株距不可控，对棉花育苗钵体形状及移栽地块整理要求较高，适应性差。

图 4-13 带式移栽机（方形钵体育苗移栽机）

（4）高速全自动移栽机

高速全自动移栽机如图 4-14 所示，适合穴盘棉花苗移栽，通过单片机程序控制液压系统及气动装置，实现穴盘苗自动取出、输送、投苗、栽植全自动控制。作业效率高，漏苗率低，行距、株距可调，可控。缺点是机器体积庞大，结构复杂，造价高，国内棉花种植户难以接受。

图 4-14　高速全自动移栽机

4.3.3　移栽机的结构与原理

国内目前常用的棉花移栽机类型是吊杯式棉花移栽机和带式移栽机,下面就这两种类型移栽机分别介绍其结构与工作原理。

（1）吊杯式棉花移栽机

吊杯式棉花移栽机通常有 2 种形式,一种是圆盘式吊杯棉花移栽机,此种移栽机由 4~5 个吊杯均匀分布在圆盘边缘,圆盘垂直放置,一只圆盘栽植一行。圆盘由动力输出轴或地轮驱动旋转,悬挂在圆盘上的鸭嘴式吊杯随着圆盘转动依次插入土中,同时鸭嘴张开,使吊杯中人工投放的钵体或穴盘棉花育苗栽植到由鸭嘴插入时形成的穴中,完成移栽动作,随后由覆土、镇压轮扶正压实。另一种是鸭嘴式吊杯上下往复运动,完成接苗、栽植动作的棉花移栽机,如四行履带自走式棉花移栽机。其结构如图 4-15 所示,主要由履带行走机构、动力传动系统、鸭嘴式栽植机构、投苗机构、门式机架及鸭嘴式吊杯开启、闭合控制系统等机构组成。

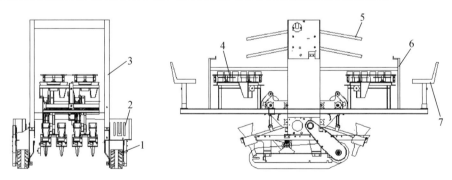

1—履带行走装置;2—操纵台及动力传输装置;3—龙门架装置;4—栽植装置;
5—秧苗盘装置;6—移栽装置调整装置;7—座椅

图 4-15　吊杯式棉花移栽机

工作原理:本移栽机配备 5.8 kW 小型汽油发动机,通过链传动将动力传到行走机构、鸭嘴式吊杯栽植机构及投苗机构。工作时,通过人工投苗至吊杯上方对应的苗杯中,苗杯随着圆盘沿顺时针方向转动。当鸭嘴式吊杯运动至顶端时,处在正上方对应的苗杯底部开关打开,钵体或穴盘棉花育苗垂直掉落到鸭嘴式吊杯中,装有育苗的吊杯继续运动到下方,插入土中的同时张开鸭嘴,钵体或穴盘棉花育苗落入由鸭嘴钻出的穴里,随后由覆土、镇压轮扶正、压实育苗,完成栽植任务。履带自动式移栽机技术参数见表4-1。

表 4-1　履带自动式移栽机技术参数

名　称	单　位	设计值
外形尺寸(长×宽×高)	mm	2 250×1 930×1 830
机器质量	kg	850
配套动力	kW	4.05
发动机标定转速	r/min	1 500
离合器型式		张紧轮
发动机与传动箱传动方式		皮带传动
驱动轮型式		履带式
栽植机构型式		鸭嘴吊杯式
工作行数	行	4
作业速度	km/h	0.8～2
纯工作生产率	hm²/h	0.10～0.17
行走速度	km/h	0.8～3
株距调节范围	mm	250～450
深度调节范围	mm	60～120
栽植秧苗种类及高度	mm	80～200
作业人数(含拖拉机手)		5

(2)带式棉花移栽机

移栽机为牵引式,配套动力为 44.1 kW 柴油拖拉机。其结构如图4-16所示,主要由带式栽植机构、动力传动机构、方形钵体育苗存放架、开沟、覆土及行走装置组成。工作时,由配备动力牵引移栽机具行走,动力输出轴通过万向轴将动力传输给钵苗输送带、钵苗分离机构及覆土装置。方形钵体苗由人工摆放到输送带,输送带与地面成一定倾斜角度,钵苗沿着输送带向下输送,在输送带端部由分苗装置将钵苗逐个分离出来并滑入开沟器开好的沟中,随后覆土装置进行覆土,完成棉花钵苗连续逐个分离、移栽、覆土过程。带式移栽机技术参数见表4-2。

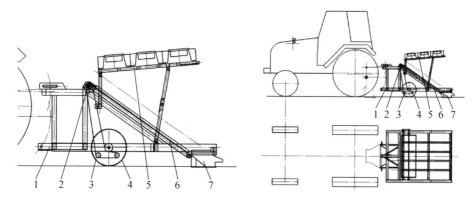

1—牵引悬挂架;2—输送带主轴;3—减速装置;4—驱动滚筒;
5—苗盘托架;6—钵苗输送装置;7—开沟导苗器

图4-16　带式棉花移栽机

表4-2　3种规格带式移栽机技术参数

规格 项目	2ZBX－4 型	2ZBX－6 型	2ZBX－8 型
钵苗规格/cm		4×4×4	
行数	4	6	8
轮距/cm	170/190	190/210	210/230
行距/cm	27	27	27
株距/cm	23	23	23
效率/(株/h)	4 000	4 000	4 000
配套动力/kW	60	44.1	59.68
长/cm	310	310	310
宽/cm	180	210	230
高/cm	135	135	135

4.4　棉花膜下滴灌种植技术

新疆是我国最早使用薄膜覆盖技术的地区之一,当地四大主栽作物中的3种(棉花、玉米、甜菜)都应用了薄膜覆盖技术。新疆棉花膜下滴灌技术最早产生于地处天山北麓、全国第二大沙漠古尔班通古特沙漠南缘的石河子垦区,该区年降雨量 100~200 mm,蒸发量 2 000~2 400 mm,属典型的干旱地区。没有灌溉就没有农业,多年来,该区不断改进地面灌溉技术、减少灌水损失和浪费。即便如此,地表水资源的引用量也已超过干旱区人工可利用量的最大限度,占用了生态用水,导致该地区的生态环境不断恶化。要改善这种状况,必须最大限度地降低农业用水。因此,兴建防渗渠道、应用各种类型喷灌技术、实行膜上灌技术等一度成为推行节水灌溉技术的主要内容。由于本地区高温干燥,喷灌过程中水分蒸发量大,节水效果十分有限,土层较薄、坡降较大,膜上灌技术的节水效果也不是十分理想,因此寻求其他节水途径一直是当地政府和科技工作者十分关注的问题。为保障新疆农业可持续发展,推广棉花节水灌溉技术势在必行,其中膜下滴灌技术因具有明显的节水、保温、抑盐、增产效果已被广泛应用。迄今为止,新疆棉花膜下滴灌技术的推广面积已超过 160 万公顷,且仍保持不断增长的趋势。

4.4.1 膜下滴灌种植模式

随着工农业生产水平的不断提高,新疆膜下滴灌棉花生产过程中所面临的一些实际问题都陆续得到了解决,从而诞生了各种不同的种植模式,其中较为典型的 3 种模式分别为传统模式、机采模式与超宽膜模式。在膜下滴灌条件下,不同种植模式的覆膜宽度、种植密度、滴灌带数量与布设位置影响棉花的生长发育及土壤水盐运移特征,最终影响棉花的产量和经济效益。

(1)传统模式

传统模式(见图 4-17a)是推广时间最长、应用范围最广的一种手工采棉种植模式,也是一种最常用、较易于进行田间管理的种植模式。覆膜宽度约为 1.45 m,膜下共种植 4 行棉花,两侧窄行距约为 30 cm,中间宽行距约为 40 cm,2 条滴灌带分别位于两侧窄行中间。该模式植株行距离滴灌带较近,每条滴灌带控制两行棉花的灌溉,棉花根区土壤水肥供应比较充足且盐分含量较低,对棉花的正常生长有利。该模式在各类盐碱化程度的棉田均被广泛采用,比较适合土壤质地偏砂、肥力较差的地块,滴头流量不宜过大,由于种植密度较低,适宜种植株型较松散的棉花品种,在拾花劳力相对充足的地区适合推广。但随着新疆棉田全程机械化作业程度的不断提升,传统模式已无法完全满足机械化作业的需求,在棉花采摘方面表现得尤为突出。

(2)机采模式

由于拾花季节劳动力紧缺,导致人工采棉成本持续升高,有时甚至出现无法及时采摘的情况,从而使得具有较高拾花效率、较低拾花成本的机采模式应运而生。新疆生产建设兵团 2011 年已种植机采棉 23.3 万公顷,约占兵团棉花播种总面积的 50%,2016 年机采棉种植面积高达 55.7 万公顷,这表明传统模式正迅速向机采模式转变。机采模式(见图 4-17b)下覆膜宽度约为 1.25 m,膜下共种植 4 行棉花,两侧窄行距约为 10 cm,中间宽行距约为 66 cm,2 条滴灌带都位于中间宽行内。

机采模式的植株行距离滴灌带较远,灌溉时,每条滴灌带的控制区域过宽,植株行外侧的棉花容易受到不同程度的水盐胁迫,棉花生长受到影响,内外行棉花植株长势差异较大。因此,灌溉时宜采用滴头流量较大的滴灌带,从而控制土壤积盐区处于外侧棉花主根系范围之外,保持根区处于较低的盐分环境中,为外侧棉花生长提供适宜的土壤水盐环境。

(3)超宽膜模式

相对于传统模式和机采模式,超宽膜模式(见图 4-17c)因具有更好的增温、保墒效果,近年来得到了越来越多的关注,其应用推广面积正逐年迅速扩大。超宽膜模式下覆膜宽度约为 2.05 m,膜下共种植 6 行棉花,窄行距约为 20 cm,宽行距约为 50 cm,3 条滴灌带分别位于窄行中间。

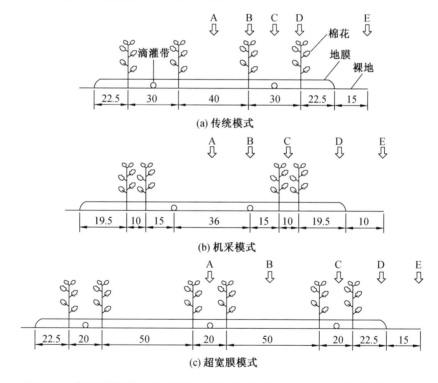

图 4-17　膜下滴灌棉花 3 种典型种植模式及土样采集点分布示意图(单位:cm)

超宽膜模式覆盖度较高,有利于提高地温,对克服早春气温不稳定和低温冻害天气有利;膜宽增加,其增温、保墒和增产的效果比较显著。该模式的滴灌带布置形式与传统模式类似,植株行距离滴灌带较近,且每条滴灌带控制两行棉花,滴水时土壤的湿润程度均匀,内外行的棉花植株长势基本一致。由于该模式滴灌带距两侧的植株行较近,因此对植株行根区盐分的淋洗调控能力较强,在土壤盐碱化程度较重或初始含盐率较高的地区均可适用。该模式可应用于各种质地的土壤,适合种植株型较松散的棉花品种。

上述 3 种种植模式可保证平均每个滴头控制的棉花株数相同(即从平均水平讲,保证每株棉花获得的灌水量一致),但种植密度、灌溉定额、覆膜宽度、滴灌带与棉花的相对位置、采棉方式等都存在较大差异,从而对棉花生长、耗水、产量、生产投入及棉农收入都会产生不同程度影响,最终势必影响水分利用效率与经济效益;且由于各地区的气候条件、土壤类型和盐碱化程度及棉田的机械化作业水平等因素各不相同,不同种植模式的适用范围也存在差异。在目前的大田棉花生产条件下,结合当地的光热、土壤、机械等条件,因地制宜选择合理的膜下滴灌种植模式,对合理调控棉田土壤水盐分布、促进棉花生长与增产、提高劳动生产率和增加棉农收入等具有十分重要的意义。

4.4.2　膜下滴灌种植特点

棉花膜下滴灌种植包括播种技术、滴水技术、施肥技术等方面的特点。

4.4.2.1　播种技术特点

(1)播种期

种子萌发的临界温度为 10.5~12 ℃,一般来说,地温稳定通过 12 ℃与气温稳定通过 10 ℃的日期相近,利用地膜栽培后,地膜下 5 cm 地温又较露地提高 3~4.5 ℃。通常新疆棉区 4 月份气温回升较慢,且不稳定,常有 1~2 次持续时间较长的低温天气,终霜偏晚。因此,棉花播种期应以 5 cm 地温稳定在 12 ℃以上,或气温稳定在 10 ℃以上,棉花出苗后能够躲过终霜为适宜播种期。南疆棉区适宜播期为 4 月 5—15 日,北疆棉区为 4 月 10—20 日。

目标:实现 4 月苗、5 月蕾、6 月花、7 月桃、8 月絮要求。

(2)播种量

一般条播要求每米内有棉籽 30~50 粒,精选种籽用量为 60~75 kg/hm²;点播每穴 3~5 粒,种子用量为 45~60 kg/hm²。而目前新疆大部分膜下滴灌棉田采用精量膜上点播的机械采棉模式,每穴 1~2 粒,种子用量仅为 15~30 kg/hm²,可提高播种效率,且节省大量棉籽和时间、定苗用工。

(3)播种方法

播种机铺滴灌带、铺膜、播种、覆土、镇压一次完成,膜下点播空穴率不超过 2%,膜孔不错位,播种深度为 2~3 cm,穴上覆土厚度 1 cm,覆土要细碎均匀,不能有土块和错位,膜边封土严密,一膜应有 5 个采光面。此外,还要求播行端直,接行准确,地头地边不留空白点。

播种机的穴播器安装好后要经常检查,若播不同品种,应及时清理穴播器,滴灌带不错位,不得铺反,不得损伤滴灌带。

(4)播后管理

对墒情差的棉田,应及时采取滴水辅助出苗。播种完毕后,即可开始中耕,苗期中耕 2 ~ 3 次,深 10 cm 左右;定苗从 1 真叶开始至 3 真叶结束。

4.4.2.2 滴水技术特点

① 出苗水:棉花播种采取干播湿出,在播种后根据土壤墒情适量滴水,一般次滴水量 225 ~ 300 m³/hm²。

② 苗期水:5 月份棉花出苗到现蕾期,根据墒情及苗情,可滴水 1 ~ 2 次,间隔 10 ~ 15 天,次滴水量 225 ~ 300 m³/hm²。

③ 蕾期水:6 月份棉花现蕾至开花期,可滴水 2 ~ 3 次,间隔 10 ~ 15 天,次滴水量 225 ~ 300 m³/hm²。

④ 铃期水:也是棉花的关键需水需肥期,应滴水 5 ~ 6 次,间隔 6 ~ 8 天,次滴水量 300 ~ 375 m³/hm²。

⑤ 吐絮期水:8 月中旬—9 月上旬棉花接近吐絮或正在吐絮,虽对水分不太敏感,但仍要保证土壤水分含量,滴水次数 2 ~ 3 次,间隔 8 ~ 10 天,次滴水量 225 ~ 300 m³/hm²,保证棉花正常吐絮。8 月底—9 月上旬根据土壤墒情、天气条件及棉花吐絮状况决定停水时间。

据以上棉花在各生育阶段所需的灌溉水量,计算棉花全生育期需滴水 3 300 ~ 3 600 m³/hm²,总灌水次数为 10 ~ 13 次。

4.4.2.3 施肥技术特点

(1)棉花施肥原则

由于新疆的土壤中富含钾元素,因此棉花需肥的 N : P : K 比例一般为 1 :(0.35 ~ 0.40):(0.15 ~ 0.20),当棉花皮棉产量为 2 250 kg/hm² 左右时,一般施标肥在 1 800 kg/hm² 左右,当棉花产量达到 3 000 kg/hm² 以上时,标肥相应提高到 1 950 ~ 2 250 kg/hm²。

基肥施入:壤土氮肥 30%、磷肥 70%、钾肥 30%,沙质土基肥不施氮肥、钾肥,磷肥施入 50%,同时若有条件还可施入油渣 1 500 kg/hm² 或 15 t/hm² 优质有机肥。在棉花蕾期开始施肥,在棉花的吐絮前结束施肥,各生育期滴施量按"两头轻,中间重"控制,一般苗期 5% 左右,现蕾至开花 25% ~ 30%,开花至吐絮为 60% ~ 65%,吐絮至成熟为 5% 左右。

① 以下为没有条件测土的中上肥力棉田,皮棉产量为 2 250 ~ 3 000 kg/hm²,

推荐施肥方案。

基肥:优质厩肥 45 000 ~ 60 000 kg 或优质羊粪 15 000 ~ 30 000 kg,油渣 1 500 kg,锌肥 22.5 ~ 3.0 kg,硼肥 7.5 kg 左右;化肥:纯氮 210 ~ 270 kg,氮∶磷∶钾 = 1∶(0.3 ~ 0.4)∶(0.1 ~ 0.15)。

磷钾肥可在花铃期分 2 ~ 3 次滴施,棉花生育期滴肥坚持前轻、中重、后补的原则。

叶面肥施用上,苗期和蕾期一般不喷施,重点放在盛花结铃期(中 ~ 初(7 ~ 8)),N、P 结合,喷 2 ~ 3 次,微肥施用现蕾期喷硫酸锌、硼酸或硼砂各 750 g/hm²,兑水 450 kg/hm²,花铃期喷硫酸锌、硼酸或硼砂各 1 200 g/hm²,兑水 600 kg/hm²。

② 以下为皮棉产量为 2 400 ~ 3 300 kg/hm² 高产栽培典型施肥方案。

a. 基肥:犁地前深翻施农肥 30 t 或饼肥 1 500 kg/hm²,同时基施磷酸二铵 300 kg + 尿素 225 kg 或施棉花专用肥 600 kg。

b. 蕾期肥:现蕾开始后棉花进入营养生长的旺盛期,需要补充肥料,一般在 6 月中旬开始随水滴肥,施肥量可采用尿素 150 kg + 磷酸二氢钾 75 kg 滴施或施滴灌专用肥 120 kg,分 2 次施入。

c. 花铃肥:棉花开花后进入需肥关键期,从 7 月上旬—8 月上旬,分 5 次将尿素 450 kg + 磷酸二氢钾 150 kg 或滴灌专用肥 450 kg + 磷酸二氢钾 150 kg 或滴灌专用肥 375 kg 施入,平均一次施尿素 60 ~ 75 kg,磷酸二氢钾 30 ~ 45 kg 或滴灌专用肥 60 ~ 75 kg,在棉花打顶后一次施肥量可加大到 2 倍。

d. 顶肥:8 月上旬末随水一次滴施尿素 45 kg + 磷酸二氢钾 15 kg 或施滴灌专用肥 45 kg,以防棉花早衰。

棉花全生育期总施肥量不低于标肥量 1 950 kg 以上,折合化肥自然肥 900 kg 以上。

(2) 常用滴灌肥

氮肥:尿素($CO(NH_2)_2$),硝酸铵(NH_4NO_3),硫酸铵(($NH_4)_2SO_4$),氯化铵(NH_4Cl)等。

磷肥:磷酸(H_3PO_4)。

钾肥:氯化钾(KCl),硫酸钾(K_2SO_4)等。

复合肥:硝酸钾(KNO_3),磷酸二氢铵($NH_4H_2PO_4$),磷酸一氢铵(($NH_4)_2HPO_4$),磷酸二氢钾(KH_2PO_4),磷尿,微滴灌高效固态复合肥,各类液体络合复合肥。

滴灌专用肥:国内自行研制的滴灌专用肥,属于固态复合肥。

4.4.3 膜下滴灌系统主要配套设备

4.4.3.1 过滤设施

微灌系统中灌水器的水流孔径一般都很小,要求灌溉水中不含有造成灌水器堵塞的污物和杂质,而实际上任何水源如湖泊、库塘、河溪及井水中,都不同程度地含有各种污物和杂质。因此,对灌溉水源进行严格的净化处理是必不可少的,是保证系统正常运行、延长灌水器使用寿命和保证灌水质量的关键措施。过滤设备主要有沉淀池、拦污栅、离心过滤器、砂石过滤器、筛网过滤器、叠片过滤器等。各种过滤设备可以在首部枢纽单独使用,也可根据水源水质情况组合使用。

(1)离心过滤器(旋流水砂分离器)

离心过滤器常见的结构形式有圆柱形和圆锥形两种,由进口、出口、旋涡室、分离室、储污室和排污口等部分组成。工作原理是:将压力水流沿切线方向流入圆形或圆锥形过滤罐,做旋转运动,水流产生离心力(力学原理),在离心力作用下,比水重的杂质移向四周,逐渐下沉,清水上升,水、砂分离。该过滤设施可以连续过滤高含沙量的滴灌水,处理比重较大的大颗粒砂(0.075 mm 以上),但是与水比重相近或较轻的杂质及有机物,过滤作用不明显,特别是水泵启动和停机时过滤效果下降,会有较多的砂粒进入系统;另外,水头损失较大。因此离心过滤器只能作为初级过滤器,还需要其他类型的过滤器对水质进行再处理。如图 4-18 所示,圆锥型离心过滤器由进口、出口、旋涡室、分离室、储污室和反冲挡板等部分组成。

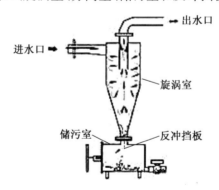

图 4-18　圆锥型离心过滤器

(2)筛网过滤器

筛网过滤器由筛网、壳体、顶盖等主要部分组成。过滤器各部分要用耐压、耐腐蚀的金属或塑料制造。系统主过滤器的筛网一般用不锈钢丝制成,用于支管和毛管上的过滤器,所受压力较小,其筛网也可用尼龙或铜丝制成。

(3)叠片过滤器

叠片过滤器用大量薄塑料圆盘作为过滤介质,圆盘的两面均有沟槽,由带槽的许多层圆片叠加压紧而成;两叠片间的槽形成缝隙,灌溉水流过叠片,泥沙和有机物等留在叠片沟槽中,清水通过叠片的沟槽流出过滤器;可松开叠片除去清洗杂质。该过滤器适用于有机质和混合杂质过滤。其他结构和形式与筛网过滤器基本相同。

（4）砂石过滤器

砂石过滤器是利用砂石作为过滤介质的,在过滤罐中放 1.5 ~ 44 mm 厚的砂砾石,污水通过进水口进入滤罐,经过砂石之间的孔隙截流和浮获而达到过滤的目的;表面积大、附着力强、对细小颗粒及有机质等比重较小的颗粒效果好(0.05 mm以上),比重较大的颗粒不易反冲洗。该过滤器主要适用于有机物杂质的过滤。砂石过滤器过滤可靠、清洁度高;缺点是价格高、体积大、质量大。

（5）沉淀池

沉淀池通过降低流速、减少扰动、增加停留时间、沉淀、絮凝处理绝大多数粗砂颗粒(0.25 ~ 1.0 mm)、大部分细纱颗粒(0.05 ~ 0.25 mm)及一部分泥土(黏性)颗粒(0.005 ~ 0.05 mm)。(注:砂石和网式过滤器只能作为保险装置,不能处理大量泥沙)

4.4.3.2　施肥施药装置

向系统的压力管道内注入可溶性肥料或农药溶液的设备称为施肥施药装置。为了确保灌溉系统在施肥施药时运行正常并防止水源污染,必须注意以下几点:①化肥或农药的注入一定要放在水源与过滤器之间,肥(药)液先经过过滤器之后再进入灌溉管道,使未溶解的化肥和其他杂质被清除掉,以免堵塞管道及灌水器;②施肥和施药后必须利用清水把残留在系统内的肥(药)液全部冲洗干净,防止设备被腐蚀;③ 在化肥或农药输液管出口处与水源之间一定要安装逆止阀,防止肥(药)液流进水源,更严禁直接把化肥和农药加进水源而造成环境污染。常用的肥罐(施肥施药装置)有自压式、文丘里注入式、压差式、开敞式和注射泵等 4 种形式。肥料罐一般安装在过滤器之前,以防造成堵塞。

由于滴灌技术在棉花上的应用,使棉花在栽培技术上发生了较大变化,膜下滴灌协调棉花不同生育期土壤水热条件,有效起到增温、保墒和节水的效果。滴灌灌水周期较短、灌水定额较小,每次灌水时的湿润土层深度都比较小(一般小于60 cm),而且棉花根系也主要集中在 0 ~ 60 cm 深的土体内,可避免土壤水分的深层渗漏;覆膜也减少了土壤水分蒸发,这样土壤水分状况既满足了棉花的需求,又减少了灌水不当使棉花受到旱涝的危害,提高了水资源的利用效率。覆膜可显著提高棉田土壤温度。膜下滴灌条件下棉花不同生育期地温时空分布规律研究表明,出苗期 15 cm 深度处地温膜下高于膜间 4 ~ 5 ℃。土壤水分和温度存在耦合作用,土壤含水率高则热容量大,相应的温度变化幅度小。膜下滴灌有效起到保温、保墒作用,克服了土壤高含水率低地温或低含水率高地温的矛盾,可为棉花生长创造适宜的土壤水热条件。在施肥技术上,如肥料的施用方法、基肥与滴肥的比例、用量、滴肥的时期次数及氮磷肥的利用率等,均与常规灌溉棉田不同。棉花膜下滴灌施肥技术对指导滴灌棉花合理施肥,提高化肥利用率,增加作物产量,降低投肥成本,增加棉农收入,防止和减少环境污染,提高经济效益和生态效益,促进棉花持续、稳定发展,具有重要作用和深远意义。

第 5 章　棉花田间管理技术

实现棉花丰产,需在适宜栽培条件下坚持科学运筹肥水,合理化学调控,以水调苗,促控结合,通过定向优化栽培调节最佳结铃期,塑造理想丰产株型及群体结构,掌握棉花田间管理技术,力争实现"四月苗、五月蕾、六月花、七月铃、八月絮"的生育进程。

5.1　施肥、中耕除草机械化技术

5.1.1　施肥及施肥机械化技术

5.1.1.1　棉花的需肥特点、施肥原则和要求

（1）棉花的需肥特点

棉花生长期长,需肥量大,对土壤肥力条件有较高的要求,一般每生产50 kg 籽棉需吸收氮2.8 kg,磷1.1 kg,钾2.7 kg,氮、磷、钾比例大约为3∶1∶3。棉花对氮的吸收量明显大于粮食作物,氮肥的增产效果也非常明显;但是氮肥施用过多或施用不当,会造成棉花减产,也容易感染病虫害。磷肥的效果非常稳定,磷肥的施用可以使棉花产量大幅度提高。磷肥和氮肥配合施用能获得稳定的增产。钾肥能使茎秆坚韧,抗倒伏,能增强棉花抗旱、抗寒及抗病虫害能力。由于重茬连作和棉花产量的提高,单靠土壤中的钾很难达到高产的目的,因此在低钾土壤或高产棉田必须配合施用钾肥,否则,氮、磷、钾不协调,肥效降低,容易导致减产。

（2）施肥的原则

施足基肥,早施、轻施提苗肥,稳施蕾肥,重施花铃肥,补施盖顶肥,按照"适氮、稳氮、稳磷、增钾、配微"的方法进行施肥,强调"三看"(看天、看地、看苗)施肥,中心是看棉花长势。施足基肥:基肥应以腐熟有机肥为主配合少量化肥(有机肥必须经过腐熟加工,否则肥效低,易带入土壤病菌或虫卵),喷施植物细胞免疫因子可提升植物抗逆性,可使病毒 DNA 断裂凋亡,强大免疫功能,诱生干扰素和活性细胞介素,抑制残余病毒复制,促进植物正能量生态生长。以寄主植物抗病机理及利用病菌毒性变异原理,控制植物生理性病害和侵染性病害繁衍。

（3）施肥要求

① 化肥深施配合机械深耕。化肥深施有 2 种方法,一是先撒肥、后耕翻;二是

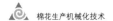

犁地时将化肥均匀地深施到犁沟内;犁耕深度应达到 22 cm 以上。

② 机械化整地。用联合整地机作业或用旋耕机作业。整地后地表土块直径不得大于 3 cm,土层上虚下实,虚土层厚度 8~10 cm。无残根、残株和杂草。选择中等以上肥力的农田种植棉花,要施足底肥。通过合理轮作倒茬、增施有机肥,深施化肥,秸秆粉碎还田,绿肥翻压等措施增肥地力。

③ 施肥要达到规定的施肥量和施肥深度,下肥均匀一致。深施种肥要求在播种同时将化肥施到种子下方或侧下方肥种之间 3~5 cm 厚度的土壤隔离层,达到种、肥分层。

5.1.1.2 施肥期

（1）中耕追肥

目前使用较多的中耕追肥机有 ZFX-2.8 型悬挂式专用中耕追肥机,2BZ-6 型播种中耕通用机,2BMG-A 系列铺膜播种中耕追肥通用机等。前期中耕追肥时,多用普通中型轮式拖拉机作为配套动力,后期因棉株长高并封垄,选用高地隙轮式拖拉机作配套动力,并在轮缘加装护罩,以免在作业中损伤果枝。肥料投入不合理是该区域盐碱地棉花生产中存在的较为突出的问题:没有根据土壤养分状况和抗虫棉需肥特点进行施肥,有机肥用量少,氮素化肥用量偏多,磷肥用量偏少。棉田肥料利用率仅30%,迫切需要根据盐碱地棉花需肥特点制定科学合理的肥料运筹技术。

（2）犁底施肥

在耕地的同时,运用犁底施肥机深施基肥。技术要点:施肥深度 10~25 cm;肥带宽度 3~5 m;排肥平均连续,无明显断条;施肥量满足作物栽培的农艺要求。

（3）种肥深施

主要运用精播施肥机和沟播施肥机在播种的同时完成施肥、掩盖、镇压作业。按施肥和种子的相对位置,有侧位深施和正位深施,侧位深施化肥施于种子的侧下方,正位深施化肥施于种子的正下方。技术要点:按农艺请求完成种肥的播量等;种肥间有一定厚度(大于 3 cm)的土壤隔离层,既满足农作物苗期生长对营养的需求,又防止种肥混合呈现烧种、烧苗现象;肥带宽度略大于播种宽度;肥条平均连续,无明显断条和漏施。

（4）深施追肥

深施追肥主要运用追肥机、中耕施肥机等机械在农作物各生长期主要环节开展化肥追施。技术要点:施肥量应满足作物各生长期营养需求;施肥深度 6~8 cm;施肥部位在作物根系侧下方,尽量防止伤及作物根系;肥带宽度 3~5 cm,排肥平均连续,无断条漏施。

5.1.1.3 肥水运筹

肥水运筹,贯穿夏棉生长始终。施足底肥,合理追肥。追肥的总原则是"轻施苗肥,稳施蕾肥,重施花铃肥,不施盖顶肥"。

①　轻施苗肥。棉花苗期虽营养体小,需肥量少,但该期棉苗对氮、磷的供应十分敏感。在基肥用量不足时,尤其是低、中产棉田,应重视苗肥的施用,以促根系发育、壮苗早发。一般每公顷施标准氮肥 45～75 kg,基肥未施磷、钾肥的,适量施用磷、钾肥。基肥用量足的高产棉田,可不施苗肥。

②　稳施蕾肥。棉花蕾期施肥既要满足棉花发棵、搭丰产架子的需要,又要防止施肥不当,造成棉株徒长。因此,要稳施、巧施。对于地力好、基肥足、长势强的棉花,可少施或不施;对地力差,基肥不足,棉苗长势弱的棉田,可适当追施速效氮肥,一般每公顷施标准氮肥 150～225 kg。

③　重施花铃肥。花铃期是棉株生育旺盛时期,也是决定产量、品质的关键时期。该期大量开花形成优质有效棉铃,是需要养分最多的时期,因而要重施花铃肥。施用数量和时间,要根据天气、土壤肥力和棉株长势、长相而定。一般情况下,花铃肥用量约占总追肥量的 50%,每公顷施标准氮肥 225～300 kg,高产田可增加至 450 kg。长势强的棉田,应在棉株基部坐住 1～2 个成铃时施用。由于夏棉生育期较短,花铃肥要提前到初花期重施,雨水多的季节易导致脱肥,可进行抛洒肥补充。

④　不施盖顶肥。为促进早熟、防止贪青晚熟,夏棉一般不再施盖顶肥,后期也不适宜浇水,可喷施 2～3 次磷、钾肥。

5.1.1.4　灌溉施肥技术

灌溉施肥技术是一项应用性比较强的综合技术,它与施肥浓度关系密切,与灌溉水压力、系统配套息息相关,只有实际操作,才能全面掌握施肥的技术要领,真正做到适量施肥。施肥器的作用就是根据作物不同的生长阶段进行适量的追肥,满足作物生长的需要。一般来讲,施肥器分吸肥和注肥 2 种。吸肥,是用特定的装置在灌溉管道的某一处产生负压,把肥料溶液吸入管道,和灌溉水混合,送到作物根区。注肥,是通过外加动力,把肥料溶液注进压力管道,和灌溉水混合,到达作物根区。2 种方式各有特点,主要根据实际种植情况来选择。

（1）泵吸肥法

泵吸肥法主要用于有泵加压的灌溉系统且主要用于有统一管理的种植区。水泵一边吸水,一边吸肥,可以用潜水泵和离心泵 2 种。两者相比较,离心泵适用于大面积施肥,一次可施肥 3～20 亩;潜水泵施肥则适用于较小面积,一次可施肥 3～5 亩。泵吸肥法主要是利用离心泵吸水管内形成的负压将肥料溶液吸入管网系统,通过滴灌管输到作物根区。该方法的优点是不需要外加动力,结构简单,操作方便,不需要调配肥料浓度,可以用敞口容器装肥料溶液,也可以用肥料池等。施肥时首先开机运行灌水,打开滴灌阀门,当运行正常时,打开施肥管阀门,肥液在水泵负压状态下被吸进水泵进水管,和进水管中的水混合,通过出水口进入管网系统;通过调节肥液管上阀门,可以控制施肥速度,肥水在管网输送过程中自行均匀混合,不需要人工配制浓度;施肥时要有人照看,当肥液快完时立即关闭吸肥管上的阀门,否则会吸入空气,影响泵的运行。

用自吸泵吸肥时,要根据水泵大小合理配置吸肥管。要根据水泵口径的大小计算吸肥管的口径,但主要目标是要保持肥料浓度在合理、安全范围内。

潜水泵吸肥,是在潜水泵的吸水滤网外绑定一根吸肥毛管,大小同自吸泵吸肥毛管,另一端放置于肥料桶,注意不能把毛管插入滤网内,防止叶轮缠绕毛管造成危险。吸肥时,首先把绑好毛管的潜水泵放到水中,吸肥毛管引到岸上的肥料桶里,然后启动潜水泵,把吸肥毛管灌满水,最后用手指闭住管口,迅速放入肥液中进行吸肥。

(2)电动喷雾器人工注肥法

喷雾器注肥法,是用动力式农药喷雾器(工作压力为 0.8 ~ 1.0 MPa)或注射泵将溶解后的肥液注入灌溉管道系统,吸液量为 3.3 L/min 以上。注肥时,将喷雾器出口与灌溉水管小阀门连接,吸液管放入盛肥液的桶内,吸液管头部包尼龙过滤网(80 ~ 120 目)。通常每亩注肥时间 20 ~ 30 min。该法注肥快,方法简单,操作方便,适合各种面积的地块或温室大棚。

(3)文丘里施肥法

文丘里施肥器与滴灌系统或灌区入口处的供水管控制阀门并联安装,使用时将控制阀门关小,在控制阀门前后形成一定的压差,使水流经过安装文丘里施肥器的喉管,利用水流通过文丘里管产生的真空吸力,将肥料溶液从敞口的肥料桶中均匀吸入管道系统进行施肥。文丘里施肥器具有造价低廉,使用方便,施肥浓度稳定,无须外加动力等特点,但存在压力损失较大的缺点,可通过文丘里注入器与管道并联克服,通常适用于单位灌溉面积 1 ~ 5 亩的场合。在 1 ~ 3 套大棚前段连接文丘里施肥器,省工效果非常明显。

文丘里施肥器的主要部件是文丘里喉管,在喉管的里面有一个流道导向装置,是两个带锥度的管口设计。压力水进入喉管时,由于管径迅速变小,流速就会迅速加大,当流速以最大速度通过进水管口时,在射流水柱的周边产生一个负压区,从而把肥料吸进混合室,达到施肥的目的。

文丘里施肥需要满足一定的进、出水的压力差,进水压力太小(小于 0.15 MPa),性能就会受影响,不吸肥甚至倒流;出口流量太小(进出口压力差小于 0.1 MPa),吸肥效果不佳。所以在使用过程中,要尽量克服上述制约条件。如果压力不够,可以适当加压,如果流量太小,可以适当增加滴灌带数量。

(4)旁通式施肥罐

旁通式施肥罐也称压差式施肥罐,由两根细管分别与施肥罐的进、出口连接,然后再与主管道相连接,在主管道上两条细管接点之间设置一个截止阀以产生一个较小的压力差(1~2 m 水压),使一部分水流流入施肥罐;进水管直达罐底,水溶解罐中肥料后,肥料溶液由出水口进入主管道,将肥料带到作物根区。

使用方法:根据各轮灌区具体面积或作物株数,计算当次施肥的数量,称好或量好每个轮灌区的肥料。用两根各配一个阀门的管子将旁通管与主管接通,为便于移动,每根管子上可配用快速接头。将液体肥直接倒入施肥罐,若用固体肥料,则应先将肥料溶解并通过滤网注入施肥罐。在使用容积较小的罐时,可以将固体肥直接投入施肥罐,使肥料在灌溉过程中溶解,但需要 5 倍以上的水量以确保所有肥料被用完。注完肥料溶液后,扣紧罐盖,确保旁通管的进、出口阀均关闭而截止阀打开后,打开主管道截止阀。打开旁通管进出口阀,然后慢慢地关闭截止阀同时注意观察压力表到所需的压差(1~3 m 水压)。可以用电导率仪测定施肥所需时间,也可以在施肥罐中放入适当颜料,通过观察水口颜色消失来估计施肥时间。施完肥后关闭施肥罐的进出口阀门。

旁通式施肥罐加工制造简单、造价低廉、无须外加动力设备,但存在溶液浓度变化大、无法控制、罐体容积有限,添加化肥次数频繁且麻烦的问题。

以上 4 种灌溉施肥技术,目前成功推广的主要是水泵吸肥法、文丘里施肥法、旁通式施肥罐。这 3 种施肥法的共同优点是在使用时不需要外加动力,能真正做到节能。在一次性施肥面积大时,可选用水泵吸肥法;在出口水压达到 20 m 以上时,可选用文丘里施肥法;在水压不大,小于 20 m 时,可选用旁通式施肥罐。

5.1.2 中耕除草机械化技术

中耕除草是中国传统的耕作理念,多年的耕作实践和试验证明,中耕除草具有良好的壮苗效果,可提高棉花单产。

(1)除草铲

除草铲可换装播种或施肥部件,主要用于作物行间第一、二次松土除草作业。通用机架中耕机是在一根主横梁上安装中耕单组,分单翼铲和双翼除草铲两种。单翼铲由倾斜铲刀和垂直护板两部分组成。铲刀刃口与前进方向成 30°角,铲刀平面与地面的倾角为 15°左右,用以切除杂草和松碎表土;垂直护板起保护幼苗不被土壤覆盖的作用;护板前端有垂直切土用的刃口。单翼铲分置于幼苗的两侧,所以又有左翼铲和右翼铲之分,作业深度为 4~6 cm。双翼铲由双翼铲刀和铲柄组成,其除草作用强而碎土能力较弱。

(2)通用铲框架铰链式

通用铲框架铰链式碎土能力比除草铲强,因而被广泛使用,兼有除草和碎土两项功能,但土壤侧向位移较大,耕后形成浅沟。也有双翼和单翼两种。双翼铲配置

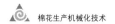

于作物行间的中部;单翼铲配置于苗行两侧,可防止因土壤侧移而覆盖幼苗。

（3）凿形松土铲

凿形松土铲主要用于作物行间深松土壤而不翻动土层,有利于蓄水保墒和促进根系发育,在两行作物的中间地带作业。其上部为矩形断面铲柄,每一单组由1～5个工作部件组成;下部略弯曲向前,总是将几种工作部件配置成"中耕单组",尖端呈凿形;旱作中耕机根据作物的行距大小和中耕要求,作业深度一般为10～12 cm,最深可达18～20 cm。

（4）培土器

培土器用于棉花等中耕作物的培土壅根和灌溉地的行间开沟,由铲尖、分土板和培土板组成。铲尖切开土壤,使之破碎并沿铲面升至分土板上,耕深可达8～12 cm。被推向两侧,由左、右培土板将土壤培到苗行上。培土板一般可以调节,以适应植株高矮、行距大小及原有垄形的变化。垄作地区的培土器是在垄作铧子的基础上加分土板和培土板而成,耕深为11～14 cm,沟底至垄顶高度为16～25 cm。

（5）作铧子

作铧子用于中国东北垄作地区的行间松土、除草和培土作业。耕深为11～14 cm,其铲尖近似三角形,工作表面呈凸曲面。作业时土壤沿曲面上升,破碎后一部分培于垄上,一部分从后部落入垄沟。耕深可达8～12 cm。

（6）星轮松土器

星轮松土器由前后两排串装在水平横轴上的星形针轮组成星轮单组,作业时在土壤反力作用下转动前进,可有效地破碎地表板结层,起松土保墒作用。由许多个星轮组成的宽幅机组用于北方早春麦田或休闲地松土。

旱作中耕机根据作物的行距大小和中耕要求,尖端呈凿形,总是将几种工作部件配置成"中耕单组",每一单组由1～5个工作部件组成,其上部为矩形断面铲柄,在两行作物的中间地带作业。各个中耕单组通过一个能随地面起伏而上下运动的仿形机构与机架横梁连接,以保持深度一致。通用机架中耕机是在一根主横梁上安装中耕单组,也可换装播种或施肥部件,主要的种类有除草铲,作为播种机或施肥机使用,因而通用性强。中耕机上可装配多种工作部件,结构简单,成本低。

仿形机构主要类型有:

① 平行四杆式。可防止因土壤侧移而覆盖幼苗,是用一个平行四杆机构将中耕单组与机架铰接,工作部件随地面起伏而升降,也有双翼和单翼两种。其入土角始终不变。耕深则由仿形轮控制,适应范围大,兼有除草和碎土两项功能,因而被广泛使用。碎土能力比除草铲强。

② 框架铰链式。将全部工作部件安装在一个框架上,其除草作用强而碎土能力较弱。通过左、右两根平行拉杆与机架铰接,结构简单,但横向仿形性能较差。

③ 双自由度式。利用具有 2 个运动自由度的五杆机构将工作部件同机架铰接，用以切除杂草和松碎表土；垂直护板起保护幼苗不被土壤覆盖的作用；护板前端有垂直切土用的刃口。靠仿形轮和工作部件的后踵控制耕深和入土角。入土性能好，铲刀刃口与前进方向成 30°角，在地硬或阻力变化大时也能稳定地工作；但结构复杂，单翼铲由倾斜铲刀和垂直护板两部分组成，仅用在中国东北地区的垄作中耕机上。

5.2　机采棉肥水、化学调控技术

对棉田的调控，包括对棉田群体数量、质量、时空分布及其动态的调控和对棉株个体生长发育调控两部分，即对棉花株型和熟性调控。因此，以数量化的株型和熟性为调控主线，有利于确保机械作业质量，保障棉花产量和品质。

5.2.1　熟性和株型调控技术标准

5.2.1.1　熟性标准

（1）棉花的生育进程

棉花从播种到收花结束，称为大田生长期；从出苗到开始吐絮所经历的时间，称为生育期；棉花生育进程及长势见表 5-1。

表 5-1　棉花生育进程及长势

生育进程	时间	长势、长相
播种期	4 月初—4 月 20 日	一般播种后 7～10 天出苗
出苗期	4 月 15 日—4 月底	壮苗早发，生长稳健、敦实，生育期 30 天左右，主茎日生长量 5～7 mm，主茎高度 150 mm 左右，节间长不超过 30 mm，主茎叶 5 片
现蕾期	5 月 20 日—6 月初	生长稳健，根系发达，早蕾不落，第一果枝现蕾节位 5～6 节，5 月底现蕾，6 月见花，生育期 25 天左右，主茎日生长量 8～10 mm，主茎高 450 mm，主茎叶 12～13 片
开花期	6 月底—7 月初	初花期稳长，盛花结铃期生长势强，后期不早衰，吐絮不贪青，生育期 70 天左右，初花到打顶主茎日生长量为 13～15 mm，打顶后保证株高 650～750 mm，果枝 8～10 台，主茎叶 13～15 片
吐絮期	8 月底—9 月 10 日	从开始吐絮到全田收花基本结束，一般 70 天左右。当有 10% 的棉株吐絮至吐絮棉株达 50% 时为吐絮期。这一时期是棉花营养生长逐渐停止，生殖生长逐渐减弱的时期

棉花在正常情况下完成不同的生育进程需要一定的时间，具体见表 5-2。因此，正常棉花的熟性应该在一定的时间内完成特定的生育进程。

表 5-2　棉花生长发育所需时间

生育期	需要天数	平均时间/天
出苗	4～14	7
第一个蕾	35～45	39
第一朵花	55～70	62
蕾到第一朵白花	20～35	23
白花到红花	1	1
红花到吐絮	50～60	55

（2）棉花的生育特点

以中国农业科学院棉花研究所于 1993—2014 年开展的田间试验为背景研究材料,进行不同种植模式、品种、密度、播期等试验,试验分期详细记录了棉花农艺性状和早熟性状指标,对所有试验结果进行了详细种子和实际产量考察。在此基础上,对大量棉花栽培田间生长数据进行系统分析,采用阶段因子对因子、阶段因子对产量、产量构成因子对产量的相关分析,寻找不同生育时期农艺性状与产量的关系,最终确定了在棉花开花前可以以果枝增长速度为熟性评价指标,开花后可以开花果枝减少速度为熟性评价指标。

（3）基于时间的熟性标准

基于棉花的生育进程,结合反映棉花熟性的指标,建立棉花生长的熟性标准,该标准基于 4 个假设:① 正常条件下从棉花播种到现蕾需 35 天;② 正常条件下从第一个蕾到第一朵花需 25 天;③ 正常条件下果枝增加的速度约为 2.7 天/台果枝;④ 正常条件下从第一朵花到未开花果枝为 5 台约需 20 天。熟性标准曲线如图 5-1 所示,当实际生产中棉花生长与标准曲线存在差异时,可以进行调控。这个熟性标准曲线仅仅是决定是否调控的标准,并不反映棉花生长发育的最佳状态。

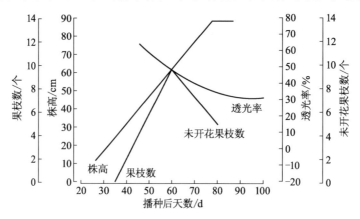

图 5-1　棉花熟性和株型标准曲线

5.2.1.2 株型标准

株高是反映棉花个体株型的关键指标之一,在机采棉条件下,适宜的株高是机械化收获的重要条件之一。因此,根据机械化生产适宜的株高,确立了株高随时间变化的标准,如图 5-1 所示。

棉花冠层内部光的空间分布特征是直接反映棉花群体的株型特征的重要指标。光是冠层内部变化最大,与冠层群体结构关系最密切的因子,也是人为调控棉花生长发育与产量形成的主要因子。棉田冠层内的光强变化具有如下特点:一是从时间序列上看,光合有效辐射透射率日变化大(见图 5-2);二是从空间上看,光强在冠层底部、棉行上变化平缓,冠层上部、行中间位置变化幅度大(见图 5-3)。

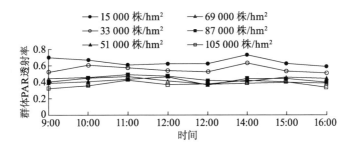

图 5-2　棉花群体光合有效辐射透射率日变化

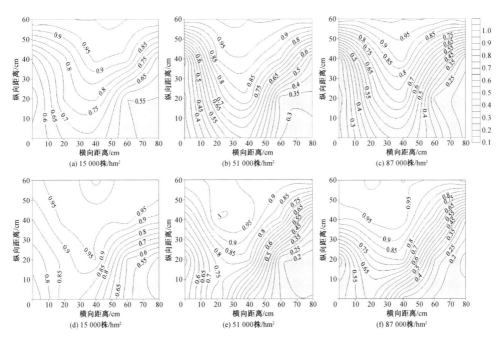

图 5-3　不同密度棉花冠层内光合有效辐射透光率空间分布

棉花群体冠层光合有效辐射透光率随播后时间呈先降低后升高的趋势（见图5-4）。棉花株型有很大的可塑性,棉株的大小、群体的长势、长相等,都受环境条件和栽培措施的影响而发生变化。通过设置不同密度,采用不同株型的品种,采取不同种植模式来得到不同的棉花冠层和群体结构,并连续多年对棉花不同生育时期光合有效辐射透光率的变化与棉花产量进行分析,发现棉花产量最高的冠层光合有效辐射透光率全生育期变化满足在播后95天达到最小值,且透光率最小值为30%,这一标准经过了多年、多点、多个试验的验证证实。因此,基于这一结果确定了能够反映棉花熟性的全生育期光合有效辐射透光率的标准变化曲线,可用于棉花生长调控的量化标准。

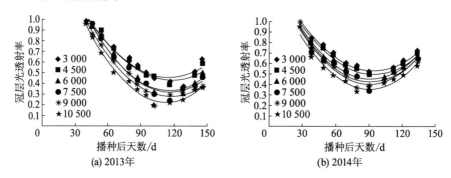

图5-4　不同密度棉花冠层光合有效辐射透射率随时间变化曲线

5.2.2　棉田水分调控

棉田水分的亏缺盈余影响棉花生长发育和产量建成。水分调控(简称水调)是棉花栽培中应用历史早、使用广泛、效果好的调控技术,它通过灌水时期、数量和灌溉方式对棉花个体和群体进行促控。一般从生育期第一次灌水开始到最后停水均可使用水分调控来进行棉田调控。水调主要是通过改变根层生态来调控棉株根系吸收水分和矿质营养的数量,进而调节其生长速度和生育进程。水促技术实施后,一般在3～5天开始发挥作用,7～10天促进作用最强,10天以后作用逐渐减弱;水控技术实施后,一般在10天以后开始发挥作用,延长控制时间,强度随之越大。水分调控强度主要受施用剂量(灌水量或控水天数)的影响:当施用剂量在比较合理的范围时,调控强度中等;当超过合理范围后,尤其是与肥结合后,其调控强度可以超过其他调控技术,是调控技术中强度最大的技术。

棉田水分调控应做到:扎实做好放水前的准备,做到合理灌溉,经济用水。揭尽地膜后,随即开沟,开好引渠、横沟及附沟,揭膜、开沟、打埂、放水做到"四及时"。如果是滴灌棉田,则无须开沟、揭膜作业。

（1）棉花的需水规律

棉花需水量是指棉花达到高产潜力值的条件下叶面蒸腾、棵间土壤蒸发、组成棉花体和消耗于光合作用等生理过程所需要的水量总和。叶面蒸腾和棵间土壤蒸发两部分统称为棉花蒸发蒸腾量，又叫棉花蒸散量，一般用棉花蒸发蒸腾量表示棉花的需水量。膜下滴灌棉花的蒸散量与气温的变化曲线相似，为单峰曲线。花铃期阶段蒸散量最大，日蒸散强度也最高；其次为蕾期和吐絮期，而苗期蒸散量较小，日蒸散强度也较小。膜下滴灌棉花生育期内蒸散量约为 596.2 mm，日蒸散量约为 3.33 mm/天。棉花苗期以棵间蒸发为主，日蒸散强度约为 0.92 mm/天；蕾期是棉花迅速生长期，日蒸散强度约为 4.41 mm/天，此阶段棉花的蒸腾逐步占主导地位；花铃期是棉花蒸散高峰期，此阶段棉花蒸散以蒸腾为主，日蒸散强度约为 5.44 mm/天，最高可达 9.20 mm/天；吐絮期随着棉花逐步衰老，日蒸散量也呈逐步减低趋势，日蒸散强度约为 2.04 mm/天。

（2）灌溉方式

当前，农业大规模使用的灌溉技术包括地面灌溉、喷灌、微灌（包括微喷和滴灌等）等 3 种类型。广泛应用的农业现代化灌溉技术主要为喷灌与微灌两种类型，其发展历史只有一个多世纪。滴水灌溉是一种局部灌溉现代节水技术，它是利用低压管道系统使水成点滴、缓慢、均匀、定量地浸润根系最发达的区域，使作物主要根系活动区的土壤始终保持最优含水状态，有节约用水量、促进作物生长和提高产量的作用。

棉花膜下滴灌技术是把滴灌技术和覆膜种植技术进行有机结合形成的一种新型田间灌溉方法。在覆膜播种的同时，将滴灌带置于距播种行较近便于供水的位置，在土壤不足时，灌溉系统通过可控管道向滴灌带加压供水，水流逐级进入由干管—支管—毛管（铺设在地膜下方的灌溉带）等不同级别管道组成的管网系统后，水流连同营养液通过毛管（滴灌带）上的灌水器均匀、定时、定量浸润作物主要根系集中区，供根系吸收利用，使作物始终处于水分与营养供应的最佳状态。

（3）灌溉时间和灌溉量

根据熟性和株型标准，棉花灌溉时间在开花前和开花后应采用不同的指标进行确定。头水时间一般在现蕾至始花期，在可能的情况下，应适当推迟头水时间，进行水控蹲苗，使棉株生长稳健，多现蕾，增加内围铃比例。过早灌溉会造成棉花生长速度过快，营养生长过旺，节间长，抑制生殖生长，使始果节位上升，甚至造成落蕾；而过晚灌溉则会导致生长速度下降，棉田迅速开花，棉株蕾铃减少，进而影响产量。初次灌溉的时间可以以实际果枝随时间变化的标准曲线为主，结合株高变化及冠层透光率变化曲线来进行综合判断。如果实际果枝随时间增加直线的斜率低于标准线的斜率，则说明棉株受到干旱胁迫，棉花个体可能也较小，这时需要进行灌溉。如果实际斜率高于标准线斜率,则说明棉株生长发育较快,需要推迟灌溉开始时间,如果到了始花期棉花仍未出现旱相,即使见花也不应进行灌溉。棉花开花以后,可根据未开花果枝数随时间的变化进行灌溉时间的确定,如未开花果枝数随时间减少的速度较标准曲线快,说明生殖生长旺盛,同时可能也表明棉花个体较小,此时应结合冠层透光率和株高适时进行灌溉;如未开花果枝数随时间减少的速度较标准曲线慢,说明营养生长旺盛,不利于光合产物向生殖器官转移,此时应结合株高和透光率减少灌溉。

抓好灌水质量,适时灌好头水是棉花生产的关键。坚持看天、看地、看苗、看品种,保证棉株发育不受旱,坚持细流沟灌,头水要小,水量要足,严禁大水漫灌、淹灌、串灌。头水时间一般在 6 月中下旬,头水后 10~15 天及时灌二水,要求头水后渠道内保持一定的水量,及时补水,以免部分地块上水不匀,棉田受旱。全生育期灌水 3~4 次,停水时间一般在 8 月 25 日前后。

有关灌溉量的确定,则可根据土壤含水量的变化进行补充。棉花根系主要分布在 0~60 cm 范围内,每次灌水要使其湿润层达到一定的深度。湿润层过浅容易导致早衰,过深浪费水资源,为此,滴水要做到少量多次。采用滴灌方式的棉田视苗情长势灵活掌握时间、水量与次数,既要保证棉株不受旱,又要防止旺长、疯长,增加化调难度。停水时间一般在 9 月初。滴灌全生育期滴 9~12 次,每次 20 m^3 左右,总滴水 200~260 m^3,较漫灌地节水 30%~50%。棉花吐絮期耗水量较少,后期滴水频率可以适当降低,适时停水。停水过早,土壤水分含量不足,影响顶部棉铃和中上部外围棉铃成熟,不容易实现超高产;停水过晚,容易导致贪青晚熟,影响棉花的产量和品质。停水时间根据土壤类型确定,一般在 8 月底或 9 月上旬。

5.2.3 施肥调控技术

施肥是棉花高产优质栽培的重要环节,是调节棉花所需矿质营养丰缺的主要手段,也是影响棉花生长发育和产量形成最活跃的因素之一。施肥调控(肥调)在棉花栽培中应用历史早、使用广泛,是棉花栽培中十分重要的调控技术之一。肥调主要是通过施肥时期、施用品种和数量来对棉花个体和群体进行促控,要实现这一目标,必须尽可能地提高肥料利用率,特别是氮肥的利用率。基肥发挥效应的时间在棉花出苗后,其时效较长(可维持到吐絮后);追肥发挥效应的时间和时效,与水调技术相同;叶面肥发挥效应的时间较短,一般 3 天左右即可看到叶色的变化,但时效短(7~10 天)。随着施肥量的增加,其调控强度由中等渐增至强。从简化施肥来看,速效肥与缓(控)释肥配合施用是棉花生产与简化管理的新技术方向。

5.2.3.1 需肥规律

膜下滴灌超高产棉田与一般产量棉田一样,如图 5-5 所示,苗期以根生长为中心,但吸收氮、五氧化二磷、氧化钾的数量要多,占全生命期吸收总量的 10% ~ 13%;吸收强度较高,棉株体内含氮、五氧化二磷、氧化钾百分率也较高,分别占干物质重的 3.42% ~4.28%,0.84% ~1.27%,3.99% ~4.09%。蕾期,植株生长加快,根系迅速扩大,吸肥能力显著增加,吸收的氮、五氧化二磷、氧化钾占总量的 18.4%,25.0%,21.6%。盛花期,棉株营养生长达到高峰后转入以生殖生长为主。开花期至盛铃期吸收的氮、五氧化二磷、氧化钾数量分别占棉株全生命期吸收总量的 36.7%,38.2%,50.2%,是棉花养分的最大效率期和需肥最多的时期。因此,保证花铃期充分的养分供应对实现棉花高产极其重要。盛铃期至吐絮期养分吸收量开始减少,其减少的顺序是钾 > 磷 > 氮,吸收的氮、五氧化二磷、氧化钾数量分别占全生命期总量的 25.4%,23.0%,21.4%。吐絮期至采收棉花长势减弱,吸肥量迅速减少,叶片和茎等营养器官中的养分均向棉铃转移而被再利用,对钾素营养的吸收成负值,棉株吸收的氮、五氧化二磷、氧化钾数量分别占全生命期总量的 10.0%,1.1%, −5.6%,对磷、钾养分的吸收强度也明显下降。

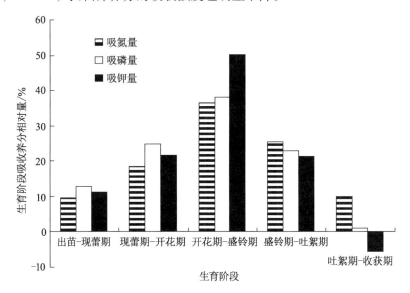

图 5-5 膜下滴灌各生育阶段吸收氮、磷、钾养分特点

5.2.3.2 施肥方式

由于肥料的品种繁多,其作用也各不相同,因此不同肥料品种的调控部位、器官、强度和时效等均不同。施肥方法对调控效应的发挥、调控时效的长短影响也很大。

(1)速效肥的使用

黄河流域棉区棉花施肥次数最多可以达到 8 ~10 次,分别是基肥、种肥、提苗肥、蕾期肥各 1 次,花铃肥 2 次,以及后期叶面喷肥 2 ~ 4 次。实际上,目前生产中一般采取 3 次施肥,分别是基肥、初花肥和打顶后的盖顶肥,其中全部磷肥、钾肥和 40% ~ 50% 的氮肥作基肥施用;30% ~ 40% 的氮肥在初花期追施,剩余 10% ~ 20% 的氮肥在打顶后作为盖顶肥施用。近年来,随着机采棉的发展,对棉花早熟的要求提高,而盖顶肥对促早熟有时会起到相反的作用,因此可以把施肥次数减少到 2 次,即基肥(全部磷钾肥和 50% ~ 60% 的氮肥)1 次,剩余 40% ~ 50% 氮肥在开花后一次追施。

(2) 控释肥的使用

目前各地开展了大量控释肥效应试验,与使用等量速效化肥相比,既有增产或平产的报道,也有减产的报道。从近几年试验和示范情况来看,只要使用量和方法到位,使用控释肥能够达到与等量速效肥基本相等的产量结果,一般不会减产,但就目前生产上应用的控释肥来看,不具备普遍显著增产的特征,这可能与棉花对肥料不十分敏感且棉花产量形成过程复杂、影响因素多有关。但是利用控释肥可以把施肥次数由传统的 3 ~ 4 次降为 1 次,既简化了施肥,又避免了肥害,应予提倡。具体方法是:氮、磷、钾复合肥(含 N,P_2O_5,K_2O 各 18%)50 kg 和控释期 120 天的树脂包膜尿素 15 kg 作基肥,播种前深施 10 cm,以后不再施肥。根据现有试验示范结果,缓释肥在黄河流域棉区可采用一次性基施的方法,而在长江流域棉区,需根据情况采用"一次性基施""一基一追"或"一基多喷"方法,以"一基一追"为主。

(3) 膜下滴灌施肥

棉花膜下滴灌施肥可以将水肥同时直接输送到棉花的根部区域,充分发挥水肥耦合效应,有利于促进棉花根系对养分的吸收利用;同时可根据气候、土壤特性及棉花不同生长发育阶段的需水和营养特点,灵活、精量地调节灌水量及养分的种类、比例及数量等,避免其他方式造成的肥过旺或不足。近年来,膜下滴灌技术迅速发展:研究表明,氮肥随水施用可显著提高棉花单株铃数、单铃重和籽棉产量,促进棉花对氮、磷素的吸收,尤其在壤土棉田的效果较明显,磷肥随水滴施可提高氮、磷肥料利用率,与基施相比氮肥和磷肥利用率可提高 4.85% ~ 12.34% 和 36.75% ~ 45.88%;研究了施肥方式和施氮量对棉花地上部分干物质累积、产量和品质的影响,基施磷钾肥加滴施氮肥可使棉株生长健壮、干物质累积提早进入关键期。新疆膜下滴灌施肥多采用尿素、磷酸二氢钾单质肥料或 N∶P_2O_5∶K_2O = 1∶0.3∶0.15 的固态专用复合肥。全生育期一般氮肥用量 300 ~ 375 kg/hm²,磷肥用量 120 ~ 150 kg/hm²,钾肥用量 45 ~ 75 kg/hm²,即氮肥 30% ~ 40%、磷肥 80% 和钾肥 90% 基施,其余均随滴灌施用。

5.2.3.3　施肥方法和施肥量

施肥的数量直接影响调控强度。施肥时期与调控的部位、器官密切相关。棉花生育期长,根系分布深而广,需肥量大。施肥应本着重碳(有机质)、调氮、补磷、增钾、添硼的原则。一般 N∶P∶K=1∶0.5∶1。原则上施足基肥,轻施苗肥,稳施蕾肥,重施花铃肥,补施盖顶肥,另外搞好根外施肥。在实际生产中,应结合株型和熟性标准判断棉花营养状况,以此来确定施肥的时间和施肥量,做到科学施肥,提高化肥利用率。

(1) 狠抓改土培肥,坚持全层施肥

每公顷施油渣 1 500 kg 或每公顷施有机肥 15 000 kg 以上。为了促进棉苗早发,防止中期旺盛、后期早衰,全面进行化肥全层施肥技术,重视油渣及秸秆还田,以棉养棉,同时根据宽膜棉特点,重视花铃肥和根外叶面追肥。积极推广微机决策平衡施肥技术,提高肥料利用率及田间分布均匀性。

(2) 全期施肥总量

尿素 525 ~ 600 kg/hm^2,三料磷肥 225 ~ 300 kg/hm^2,钾肥 75 kg/hm^2,油渣 1 500 kg/hm^2。采用滴灌方式的棉田尿素 375 ~ 450 kg/hm^2。

(3) 施肥方法及施肥量

① 基肥。结合秋耕春翻,每公顷施油渣 1 500 kg、尿素 375 ~ 420 kg,磷、钾肥全部耕施同步深翻 250 mm,翻垡一致,扣垡严实,提高肥料利用率。

② 花铃肥。在头水、二水前视苗情开沟,每公顷施尿素 150 ~ 180 kg,沟深80 ~ 100 mm。膜下滴灌棉田视苗情长势每次滴灌施尿素 3 ~ 5 kg,追肥 3 次。

③ 叶面追肥。根据棉花各生育期特点,用尿素 1 ~ 1.5 kg 结合各类叶面肥、生长调节剂、微肥分苗期、蕾期、花铃期 3 次进行,膜下滴灌棉田结合化调喷施 2 ~ 3 次。

5.2.4　化学调控技术

棉花化学调控技术是指应用植物生长调节剂,可全生育期通过叶片等器官表面吸收调节棉株体内的激素水平及其相互间的平衡关系,进而影响棉花生长速度、发育进程及器官的发生与脱落,实现对棉株生长发育调控。棉花化学调控方向可促控,具有用量小,调控速度快,强度适中,效果好等优点,是棉花优质高产栽培的关键植棉技术之一。

5.2.4.1　化学调节剂的种类

目前在棉花生产中使用的植物生长调节物质主要有:植物生长促进剂(赤霉素)、植物生长延缓剂(矮壮素、缩节胺等)、催熟剂(乙烯利)和脱叶剂(脱吐隆、噻本隆)等。棉花化学调控的作用:控制株高,协调营养、生殖生长的关系,促进集中成熟。

(1) 植物生长促进剂

凡是促进细胞分裂、分化和体积增大的物质都属于植物生长促进剂,其主要作用是促进营养器官的生长和生殖器官的发育,加快棉株生长速度,减少蕾铃脱落等。一般生产上使用生长促进剂较少,但在苗期田间出现僵苗时,施用赤霉素有明显的促进僵苗生长的效果。

(2)植物生长延缓剂

植物生长延缓剂指抑制植物亚顶端分生组织区域的分裂和扩大,但对顶端分生组织不产生作用的物质。其主要生理作用是抑制植物体内赤霉素的生物合成,拮抗赤霉素的生理作用,延缓植物的伸长生长,使植物节间缩短,植株矮化,但对叶片数目、节间多少和顶端优势影响较小。目前应用最广泛的植物生长延缓剂有矮壮素、缩节胺等。缩节胺具有降低株高,提高叶绿素含量,促进根系生长和蕾、花的发育,提高产量和品质等多种效果;其用量范围变幅较大,使用的时段长,方法灵活,且效果较好,是目前应用最广泛的化学调控药剂。

(3)生长催熟剂(乙烯利)

棉铃在开裂和明显脱水之前,其释放的乙烯量显著提高。在生产上,喷施乙烯利,棉株吸收后释放出乙烯,使棉铃内乙烯含量增高,生长素的合成被破坏,棉叶内的光合产物在短时期内输出,从而促使棉铃成熟。因此,乙烯利俗称催熟剂,主要在棉花吐絮期施用,以促进棉株体内乙烯的释放,加快棉铃开裂,增加霜前花的比例。

(4)脱叶剂

化学脱叶一般是通过化合物的抗生长素性能促进乙烯发生而达到目的。刺激乙烯发生的化合物往往同时具有催熟和脱叶的功能,但是这2种功能一般并不等同。脱叶剂主要用于棉花后期群体过大、贪青晚熟的棉田或准备实施机械采收的棉田。通过喷施脱叶剂,使部分或全部叶片脱落,以改善棉田通风透光条件,促早熟或有利于机械采收。

5.2.4.2　化学调控的时间和用量

(1)缩节胺使用方法

机采棉化控通常自现蕾后开始,根据实际情况与熟性和株型标准对比分析并结合气候为依据,采用缩节胺或其水剂助壮素进行针对性化学调控。定性和定量相结合,通过化学调控,不同时期叶面积系数变化范围:初花期 0.6~0.7、盛花期 2.7~2.9、盛铃期 3.8~4.0、始絮期 2.5~2.7;等行距棉花于7月30日前后封行,达到"下封上不封、中间一条缝"的程度。具体化控次数和用量应遵照"少量多次、前轻后重"的原则,正常长势棉田全生育期化控4次左右,第1次在盛蕾前每公顷用缩节胺 15~22.5 g;第2次在盛蕾期至初花前,公顷用量 22.5~30 g;第3次在开花后至盛花期,公顷用量 30~45 g;第4次在盛铃期前后,公顷用量 45~60 g。干旱年份或长势弱的棉田酌减,多雨年份或长势旺的棉田酌增,使最终株高控制在 90~120 cm。化学调控与肥水调控相结合,更有利于对棉株的调控。一般在灌水前 2 ~ 3 天化调,以控制棉株在水肥促进下的旺长。盛蕾期 – 花铃期长势过旺的棉田,以水肥调控为主,配合化调,即适当推迟灌水期,减少氮肥用量,同时结合水前化调,以提高调控效果。弱苗棉田可采取早灌水,重施肥促长后,再轻化调或不化调。缩节胺化调要根据棉花品种特性、土壤肥力、气候情况、棉株发育进程和长势等灵活掌握,不能“一刀切”。

一般生育期较短的早熟品种对缩节胺敏感,用量宜轻;中晚熟品种和生长势强的品种,缩节胺用量相应加重。肥力较高,棉株长势偏旺棉田,缩节胺用量相应增加;土壤瘠薄和沙性大的棉田,棉株长势差,化调次数要少,用量宜轻。长势均匀的棉田宜采用机力化调;点片旺长的要进行人工点片补调,做到控旺不控弱,控高不控低,因地因苗,分类调控,以促进棉花均衡生长。为了保证化调效果,化调的方法和设施要根据化调的部位作相应调整。苗期对行喷叶;现蕾到盛花期,采取上部喷雾和侧面吊臂喷雾结合,以提高对下部叶枝和果枝的控制效果,更好地塑造理想株型。打顶后化调以喷施上部果枝为主。

（2）催熟剂与脱叶剂使用技术

棉花全程化调的时间、次数、用量应根据环境、气候、土壤、水肥管理、棉株长势、长相灵活运用,在“早、轻、勤”的原则下,引苗失调,分类指导,一般全期进行 3 ~ 5 次。若机采棉第一果枝距地表在 150 mm 以上,棉株高度为 700 mm,第一次化调时间应推后。

① 苗期。3 ~ 5 叶,以促为主,促进棉株稳长、早现蕾,每公顷施缩节胺 4.5 ~ 7.5 g。此期间主茎日生长量在 5 ~ 7 mm。

② 现蕾期。5 ~ 8 叶,每公顷施缩节胺 7.5 ~ 12 g,此期间主茎日生长量在 8 ~ 10 mm。

③ 头水前。8 ~ 10 叶,每公顷施缩节胺 12 ~ 22.5 g,长势较好的棉田于头水前 3 ~ 5 天化调。此期间主茎日生长量控制在 10 ~ 12 mm。

④ 二水前。10 ~ 12 叶,每公顷施用缩节胺 45 ~ 52.5 g,对点片旺长棉株要及时补控,保证棉株稳健生长,减少蕾铃脱落和空果枝,提高成铃率。此期间主茎日生长量 15 ~ 18 mm。

⑤ 打顶后。每公顷施用缩节胺 60 ~ 90 g,于打顶后顶部果枝伸长 100 mm 时进行化调,保证顶部果枝正常生长。

化学催熟剂和脱叶剂从作用机制上可分为两类:第一类为触杀型的化合物,如脱叶膦、噻节因、唑草酯、草甘膦、百草枯、敌草隆、氯酸镁等,它们通过不同的机制杀伤或杀死植物的绿色组织,同时刺激乙烯的产生,从而起到催熟和脱叶作用;第二类化合物促进内源乙烯的生成,从而诱导棉铃开裂和叶柄离层的形成,如乙烯利、噻苯隆等。一般情况下,乙烯利的催熟效果优于脱叶效果,而噻苯隆的脱叶效果优于催熟效果。第二类化合物的作用比第一类缓慢得多,应用时间比第一类早。

生长偏旺或晚播晚发的棉田,常常由于吐絮晚而影响棉花的产量和品质,同时还影响冬耕整地工作。为了解决这些问题,生产上常采用一些催熟技术。目前最常用的催熟剂是乙烯利,在棉花生长后期使用乙烯利,有促进有机物质向棉纤维和种子运转,使棉纤维和种子量增加,铃期缩短,提早吐絮的作用。棉田后期恰当施用乙烯利,不仅在霜前或拔棉柴前可使不能正常成熟的晚秋桃提早成熟,增加霜前采棉量,还能促使棉花吐絮集中,提高棉花的光泽度和纤维品质,增加棉农的经济收入。但如果使用不当,也会得不偿失,造成减产。

根据脱叶催熟试验结果,一般应在当地枯霜期之前 20 ~ 30 天左右,且连续几天内日最高气温达到 20 ℃以上(一般在 9 月下旬至 10 月上旬),田间吐絮率达到40% ~60%时,施用脱叶剂,要求施药后 5 天气温相对稳定,且日均温≥18 ℃。化学脱叶催熟剂要求脱叶性能好、温度敏感性低、价格适中。试验表明,化学催熟剂和脱叶剂的使用剂量为 200 mL 乙烯利 + 60 g 噻苯隆 + 水 60 kg,机械化喷施时效果最好。由于乙烯利喷在植株叶片上,被叶片吸收后向棉铃的运输极少,所以要求喷洒均匀,尽可能喷在棉铃上。为了提高药液附着性,可适当加入表面活性剂有机硅助剂,将有机硅按照 0.05% ~0.15% 的浓度添加到脱叶催熟剂中混合喷施。喷施时要求雾滴要小,喷洒均匀,保证棉株上、中、下层的叶片都能均匀喷有脱叶剂;在风大、降雨前或烈日天气禁止喷药作业;喷药后 12 h 内若降中量的雨,应当重喷。为了实现喷洒均匀,应使用雾点小的机动喷雾器或超低量喷雾器,施用量可根据棉田和品种情况进行调整。对正常棉田适量减少,过旺棉田适量增加;早熟品种适量减少,晚熟品种适量增加;喷期早的适量减少,喷期晚的适量增加;密度小的适量减少,密度大的适量增加。另外,根据所采用采棉机的不同,对脱叶催熟的要求存在一定差异,目前常用的采棉机主要有摘锭式采棉机和指杆式采棉机。采棉机作业要求脱叶率达 90% 以上,吐絮率达 95% 以上,籽棉含水率不大于 12%,棉株上无塑料残物、化纤残条等杂物;指杆式采棉机,要求脱叶率达 85% 以上,吐絮率达85% 以上,籽棉含水率不大于 12%,棉株上无塑料残物、化纤残条等杂物。

5.2.5 水肥药一体化调控技术

5.2.5.1 水肥药一体化概述

传统棉花化学调控以缩节胺叶面喷施为主,棉花全生育期使用次数较多,尤其是新疆棉区多达 10 次以上,而且还缺少操作性强的化控标准,因此往往导致调控效果不一,造成耗时费工,导致棉花熟性混乱,易遭受晚熟或早衰而减产降质。水肥药一体化技术是借助滴灌系统将灌溉、施肥及化学调节剂结合,利用滴灌系统中的水为载体,在灌溉的同时进行施肥和化调,实现水肥药一体化利用和管理;并根据棉花的需肥特点,长势情况,土壤环境和养分含量状况,棉花不同生育期需水、需肥及化调规律情况进行需求设计,在供应棉花吸收利用水分和养分的同时,对棉花的生长进行调节。

（1）滴灌专用肥

滴灌专用肥是一种水溶性肥料,所使用的各种原料、肥料,水不溶物含量须≤5%。它是水肥药一体化技术的载体,是实现水肥药一体化和节水农业的关键。水溶性肥料是一种可以完全溶解于水的多元复合肥料,能够迅速溶解于水中,更容易被作物吸收利用。它不仅可以含有作物所需的氮、磷、钾等全部营养元素,还可以含有腐植酸、氨基酸、海藻酸、植物生长调节剂等。水溶性肥料主要包括滴灌肥、冲施肥、叶面肥,滴灌肥与冲施肥相比,水不溶性杂质含量更低。

（2）新型化学调节剂——艾弗迪（AFD）

艾弗迪新型化学调节剂是一种新型棉花生长调节剂,其原理是调节棉花植株体内内源激素的构成比例,促进细胞分裂素的合成,抑制生长素合成（见图 5-6）,以促进棉花花芽分化,促进棉花集中开花,使棉花提早成熟 7～15 天,提高成铃率,减少脱落,从而有利于产量增加;且艾弗迪可通过滴灌施用,能够改叶面喷施为滴灌调控,有利于农艺的简化。

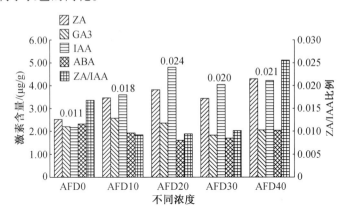

图 5-6　施用不同浓度 AFD 后棉株内不同激素含量差异

新疆多地的试验结果表明,AFD 与缩节胺相比,在控制株高,增加成铃,提高成铃率,促进早熟方面均表现出显著优势。

5.2.5.2　水肥药一体化调控方法

棉花水肥药一体化简化化学调控技术的施药次数为 1～2 次。使用水肥药一体化技术进行调控的原则是先肥后药,一般调控一次滴灌时间约 5 h,前 4 h 主要将所需的肥料滴入,肥料滴施结束后,将 AFD 随水通过滴灌设备滴入,约 1 h。水肥药一体化调控技术主要熟性和株型标准及用量如下。

（1）第一次施用标准及用量

熟性标准：播种后 60 天,6 月底或 7 月初进入初花期;

株型标准：果枝数 8～9 台/株,株高 60 cm;群体透光率在 47% 左右。

第一次施用时间和施用量：施用时间约在播后第 60 天,若株高约 60 cm,群体透光率约 47%,施用量 150 mL/hm² 滴灌;若株高 <60 cm,群体透光率 >50%,则不需要化控;若株高 >80 cm,群体透光率 <45%,施用量 300 mL/hm² 滴灌。

（2）第二次施用熟性和株型标准

熟性标准：播种后 80 天,7 月 15—25 日,此时棉花主茎上部有 4～5 个果枝未开花;北疆由于 9 月份温度下降快,气候驱动终止期在 7 月 5—10 日。

株型标准：株高达到最大值 80～90 cm,群体透光率在 34% 左右。

第二次施用时间和施用量：施用时间在播种后 80 天。若株高 80～90 cm,群体透光率 34%,$NAWF$（Nodes above white Flower）=5,施用量 1 050 mL/hm² 滴灌;若株高 80～90 cm,群体透光率 34%,$NAWF$ >5,施用量 1 350 mL/hm² 滴灌;若株高 <80 cm,群体透光率 34%,$NAWF$ =5,施用量为 1 050 mL/hm² 滴灌,且施用时间推迟 3～4 天。

图 5-7 为水肥药一体化调控技术设备。

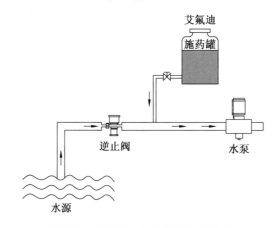

图 5-7　水肥药一体化调控技术设备

5.3　棉花病虫草害防控技术

棉花从种到收不断受到病虫草害的困扰,抓好棉花各时期主要病虫草害综合治理,做好防治技术试验、示范和推广,努力推进棉花病虫草害专业化防治工作,确保棉花生产安全,对于促进棉花增产、增收具有重要意义。

5.3.1 主要虫害防治技术

棉花病虫害防治应做到加强测报网络建设,做好预测预报,把握防治的关键时期,提高防治效果;协调害虫、天敌、化防及栽培技术四者之间的关系,保护天敌,维护生态平衡;掌握关键技术,以农业措施和栽培措施为基础,破除老旧田埂,种植作物;坚持秋耕冬灌,推广生物及物理防治技术;谨慎使用化学农药,最大限度保护自然天敌。我国发生虫害的防治要点见表5-3。

棉铃虫的防治技术为:① 利用成虫的趋光性,在棉田安装频振式杀虫灯诱杀成虫。一般每60亩安装1盏杀虫灯,灯高出作物50 cm;② 种植玉米诱集带,诱杀虫卵。在棉田四周种植早熟玉米,株距20~25 cm,在玉米大喇叭期当天早上日出前拍打新叶消灭虫卵;③ 在秋作物收获后、封冻前,深翻灭茬,铲梗灭蛹,破坏蛹室,使部分蛹被晒死、冻死;④ 选用抗虫棉品种;⑤ 利用天敌赤眼蜂;⑥ 采取化学防治,选用1%甲维盐乳油1 000倍液、20%氯虫苯甲酰胺悬浮剂5 000倍液、20%氟虫双酰胺3 000倍液或1.8%阿维菌素乳油4 000~5 000倍液等喷雾防治。

棉叶螨的防治技术为:① 清除螨源,早春季节清除杂草,减少病源;② 点片防治,可选用10%浏阳霉素、0.9%的阿维菌素、73%的克螨特等药剂,按2 000倍液定点定株喷雾防治(为了达到防治效果,使用化学农药时必须由当地技术人员进行指导);③ 生物防治,棉叶螨的天敌较多,如瓢虫、捕食螨、小花蝽、蜘蛛等,有条件的地方,在棉叶螨点片发生期人工释放捕食螨,在中心株上挂1袋,中心株两侧棉株各挂1袋,每个袋中放置2 000头左右捕食螨。

棉花蚜虫的防治技术强调充分利用和发挥天敌的控制作用,辅之以科学合理的使用化学农药,达到持续控制蚜害的目的:① 保护利用天敌,充分发挥生物防治作用;②可用吡虫啉、啶虫脒、吡蚜酮、噻虫嗪等化学药剂进行防治。

棉盲蝽蟓的防治技术为:可用毒死蜱(乐斯本)、吡虫啉、马拉硫磷等化学药剂进行防治。每隔5~7天喷一次药,并将以上药物交替使用,以提高防治效果。6月上旬棉盲蝽蟓进入危害期,应连续喷药2~3次。

表5-3 我国发生虫害的防治要点

种类	防治要点
棉铃虫	种植转基因抗虫棉。农业防治:冬春深耕,灌水灭越冬蛹;5月除杂草,消灭1代卵和幼虫;7月中耕,灭2代蛹;打顶、摘边心消灭虫、卵、杨树枝黑光灯诱杀成虫。生物防治:喷施生物农药和病毒制剂治虫。药剂防治:达到防治标准时进行防治
红铃虫	越冬防治:消灭在仓库、棉籽越冬的老熟幼虫。农业防治:高密度、早打顶、促使棉花早熟,避开1代和3代危害;设置诱杀田,集中防治。药剂防治:根据测报,选用溴清菊酯类、速灭杀丁乳油等进行化学防治

续表

种类	防治要点
棉叶螨(红蜘蛛)	农业防治:冬春翻耕整地,灭枯草,消灭越冬螨;两熟棉花出苗前,清除杂草带出田外。人工挑治,控制点片发生。药剂防治:棉花红叶率达到20%～30%时,进行药剂防治
棉蚜	农业防治:色板诱杀;种植抗虫品种,茎叶的茸毛性状对棉蚜具有一定的抗性;间套轮作有控蚜效果;种植诱集作物;处理越冬寄主;清除棉田内外杂草。化学防治:药剂拌种、滴心和涂茎;喷药防治。保护与利用天敌
地老虎(小地老虎和黄地老虎)	农业防治:播种前和出苗前清除杂草,消灭卵和幼虫。药剂防治:定苗前被害株率10%,定苗后新被害株率3%～5%为地老虎药剂防治标准
棉盲蝽	农业防治:合理间套轮作,减少越冬虫源;清除杂草,消灭越冬卵。灯光诱杀。药剂防治:真叶期绿盲蝽百株4头,蕾期绿盲蝽或中黑盲蝽百株10～12头,蕾铃期2种盲蝽百株25头以上应进行定期绿盲蝽防治

5.3.2　主要病害防治技术

（1）立枯病

立枯病的防治技术为:① 合理轮作,与禾本科作物轮作2～3年以上;② 合理施肥,精细整地,增施腐熟有机肥或5406菌肥;③ 提高播种质量,春棉以5 cm深,土温达14 ℃时为适宜播种期,一般播种4～5 cm深为宜;④ 加强苗期管理,适当早间苗、勤中耕,降低土壤湿度,提高土温,培育壮苗;⑤ 药剂拌种。精选种子,用种子质量0.5%～0.8%的50%多菌灵,或种子质量0.6%的50%甲基托布津拌种。

（2）枯萎病

枯萎病的防治技术为:① 改土,在施入有机肥、氮、磷、钾的基础上,每亩增施0.5 kg重茬剂,然后耕翻,可以杀除大部分土中病菌,并增加土壤透气性,消除土壤中亚硝酸盐含量,破除板结,改良盐碱,增强植株抗病能力,减少枯黄萎病危害;② 适量施用氮肥;③ 适时浇水,棉花单株平均有两个铃,天气干旱时浇第一次水,提早浇水会促进病害发生;④ 苗期、蕾期和花铃期定期喷洒2～4次枯黄急救,或恶霉灵等防治枯黄萎病;⑤ 对已发病的植株可以动手术防治,在棉花基部茎秆上5～6 cm处用小刀开2～3 cm纵口,插入两段用枯黄急救原液浸泡4 h以上的火柴梗。采取上述方法可以有效控制棉花枯萎病的危害,也可以防治其他作物的枯萎病。

（3）黑腐病

黑腐病的防治技术为:① 整平土地,防积水,及时排水;② 雨后及时中耕松土透气,提高根系活性;③ 增施石灰粉每亩15 kg,硫酸亚铁10 kg或施入重茬剂、肥力宝都可以减少和控制此病发生;④ 增施有机肥和磷钾肥,控制施入适量氮肥;⑤ 发病期用枯黄急救、腐烂速康各20 g,加水15 kg,喷洒叶面或灌根均可有效防治黑腐病。

（4）病毒病

病毒病的防治技术为：在棉花生长前期用病毒医生、抗毒素、病毒立灭、枯病灵均可防治。

（5）茎枯病

茎枯病的防治技术为：① 合理轮作，合理密植，改善通风透光条件；② 拌种，棉籽硫酸脱绒后，拌上呋喃丹与多菌灵配比为 1：0.5 的种衣剂，既防病，又可兼治蚜虫；③ 喷雾，苗期或成株期发病，可用 65% 代森锌 800 倍液，或 70% 甲基托布津 1 000 倍液喷雾防治。

（6）苗期病

苗期病的防控技术为：① 做好农业防治，比如选用高质量的棉种、适期播种、深耕冬灌等；② 做好种子处理；③ 苗期喷药保护。

（7）棉铃病

棉铃病的防治技术为：① 选择地势平坦、排灌方便的棉田解决棉田积水问题；② 选育多抗良种，培育壮苗，增强抗病性；③ 实行轮作、间作套种；④ 加强栽培管理和药剂防治。

5.3.3　主要草害防治技术

防治棉田杂草的农业措施主要有中耕除草、轮作倒茬、深翻耕作、高温堆肥、高密度栽培、秸秆还田、水源管理、精选良种等。其他防治措施还有生物防治、选用轻基因抗除草剂品种、化学防治等措施进行棉田草害的防治。

枯、黄萎病棉田棉秆及油渣不可还田，重病棉田应选择抗病品种，精选种子，搞好种子加工，进行土壤处理。大田发现病株应拔除并带出田外烧毁，点片发生时可进行药剂处理。

（1）棉花主要草害防治技术

苗床的土壤处理：在播种覆土后、出苗前喷雾，对苗床上大多数杂草都有效，施药量为 600 kg/hm^2。药剂有 25% 恶草酮乳油 1 050～1 350 mL、25% 敌草隆可湿性粉剂 1 650～2 400 g、25% 绿麦隆可湿性粉剂 1 500 g + 50% 扑草净可湿性粉剂 600 g。

苗床的茎叶处理：12.5% 稀禾定机油乳剂 1 050～1 500 mL、15% 精吡氟禾草灵 600～900 mL，具体是兑 600～750 kg 水作茎叶喷雾，只能防禾本科杂草，对其他杂草无效，适用期为棉花出苗后、杂草 2～5 叶期喷雾。

露地直播棉田的土壤处理：50% 乙草胺乳油 1 050～1 800 mL、25% 敌草隆可湿性粉剂 1 800～2 700 g、24% 果尔乳油 600 mL，以上为播后苗前喷雾，对棉田大多数杂草有效；48% 氟乐灵乳油 1 500～2 250 mL、33% 除草通乳油 3 000～4 500 mL，以上在播前施用,施药后立即混土,防除禾本科和部分阔叶杂草。

露地直播棉田的茎叶处理:防治禾本科杂草的方法同苗床。在棉花中后期,也定向喷施草甘膦、百草枯等灭生性除草剂,注意防止药滴接触棉株绿色组织。

定向喷雾防治各种杂草:25%氟磺胺草醚水剂 1 050 ~ 1 500 mL、24%果尔乳油 600 ~ 1 440 mL、10%草甘膦水剂 3 750 ~ 4 500 mL、20%百草枯水剂 1 500 ~ 2 250 mL。用法是:棉苗 20 ~ 30 cm 高时做定向喷雾,兑水 600 ~ 750 kg,用扇形喷头,加防护罩在行间对杂草茎叶喷雾。

(2)除草剂的混用原则

人们使用除草剂时常常是将 2 种或多种除草剂混合使用,以达到一次用药同时杀灭多种杂草的目的。混用除草剂必须遵循 4 项原则:① 必须有不同的杀草谱;② 使用时期与方法必须吻合;③ 混合后不发生沉淀、分层现象;④ 混合后各种除草剂的使用量应为单一用量的 1/3 ~ 1/2。

(3)不能混用的除草剂的配施原则

不能混用的除草剂,可采取分期配合使用的方法。通常有 3 种配施方法:① 不同土壤处理剂交替使用,如第一年使用氟乐灵杀灭禾草,第二年使用扑草净杀灭阔叶杂草;② 土壤处理与苗后茎叶处理配合使用;③ 杀草谱不同的除草剂配合使用,可先用禾大壮杀灭稗草,再用苯达松杀灭阔叶杂草、莎草等。

(4)除草剂药液的配制原则

配制除草剂药液时,先将可湿性粉剂溶在少量水中制成母液,然后装半喷雾器水,倒入母液,再加足所需水量,最后摇匀施用。如果可湿性粉剂与乳油混用,则应先倒入可湿性粉剂制成母液,然后倒入乳油,最后加足水量,摇匀喷施。

5.3.4 化学防治技术与施药机械

5.3.4.1 化学防治技术

病害防治一般从第一次中耕以后开始,如果发现棉花发病率达到3%以上,可以采用药物治疗。药物防治有 2 种方式,一种是喷药的方式,另一种是药剂灌根的方式。用于喷雾的主要药物有多菌灵、代森锰锌、杜邦克露等,主要用于防治立枯病、炭疽病、猝倒病等。由于棉花苗病大多发生在根部,所以可以采用药剂灌根的方式,通过药液渗透到根部。药剂灌根通常采用咯菌腈类药物和五氯硝基苯。棉花苗期中发生的棉蚜虫主要集中在棉花嫩叶的背面和嫩头上,主要采用吡虫啉进行喷雾防治。当红蜘蛛的危害率达到 10%以上时,可以交替使用速螨酮、阿维菌素、三氯杀螨醇等杀螨剂防治,以避免产生抗药性。如果发现地老虎,可以喷洒2.5%溴氰菊酯乳油 2 000 倍液或50%甲胺磷乳油 1 500 倍液;也可以使用撒施毒土的方法,每亩用 5%的毒死蜱颗粒剂 3 kg,加适量细沙土混合均匀,或每亩用

48%的乐斯本乳油 300 mL,加细沙土 20 kg 混合均匀,于傍晚顺垄撒施。

对于棉花苗期的病虫害,可以根据种植面积选用不同的施药机械。对于小面积的棉田,可以选用背负式电动喷雾机、背负式喷雾喷粉机等;对于较大面积的棉田,可以采用背负式动力喷雾机、背负式喷雾喷粉机等。

棉花花蕾期与棉花吐絮期的病害用多菌灵、克黄枯、克萎星等药剂兑 200~500 倍水喷雾防治,每 5~7 天打一次,连续 2~3 次,可以起到控制病情蔓延的作用。对于棉铃虫,可以选用阿维高氯 1 000 倍液或 25% 三唑磷 500 倍液或 2.5% 功夫 2 000 倍液交替进行喷雾使用。对于棉盲蝽,通常选用 1.8% 阿维菌素乳油 3 000 倍液或 48% 毒死蜱乳油 2 500~3 000 倍液进行喷雾使用。

由于在棉花花蕾期及棉花吐絮期棉花枝叶茂密,交叉封行,此时人工下田进行防治较为困难,所以此时期的病虫害防治通常选用担架式机动喷雾机、高地隙喷杆喷雾机、高地隙吊杆喷雾机及风送远程喷雾机等大型施药机械。对于小面积的棉田,通常选用背负式动力喷雾机及背负式喷雾喷粉机进行病虫害防治。

在棉田进行除草时,多数采用化学除草的方式。对棉田中苗床杂草的防除主要用 80% 伏草隆 125~150 g/亩或 2 5% 敌草隆 50 g/亩,兑水 50 kg 于播种覆土后细致喷洒苗床,或加细土 30 kg 与以上药剂掺混均匀,在播种覆土后撒施。用除草剂进行土壤封闭的,必须在盖土后立即施药,以保持土壤湿度,充分发挥药效。用毒土施药的,须在撒毒土后再喷一次清水,以提高药效。对于地膜覆盖的棉田杂草的防除,需要在盖膜前喷洒除草剂。

对于棉田中的草害防治,在选用施药机械时需要根据棉花的生长情况而定。在棉花还未出苗,喷洒除草剂时选用施药机械可以与防治病虫害的施药机具相同。但是,若在棉花出苗后喷施除草剂,需要在喷头上安装防护罩,喷药时要尽量压低喷头,避免将药液喷到棉花上。所以,在棉花出苗后进行除草剂喷施时,一般选用背负式电动喷雾机、背负式动力喷雾机等进行定向喷雾。如采用喷杆喷雾机进行喷洒作业,需安装防飘喷头,以避免雾滴飘移造成农作物药害。

5.3.4.2 棉花植保机械的分类

棉花植保机械有多种分类方法,一般按所用的动力可分为人力(手动)植保机械、电动植保机械、机动植保机械、航空植保机械等;按施用化学药剂的方法可分为喷雾机、喷粉机、土壤处理机、种子处理机、颗粒撒播机等;按运载方式可分为手持式、背负式、担架式、推车式、悬挂式、牵引式、自走式等。植保机械的产品命名较为复杂,常常会出现一个产品名称包含多种分类方式,如"担架式机动喷雾机"就包含运载方式、配套动力和施用化学药剂的方法等 3 种分类方式。

目前,用于棉花病虫害防治的植保机械主要包括背负式手动(电动)喷雾器、背负式喷雾喷粉机、背负式动力喷雾机、担架式(推车式)机动喷雾机、高地隙喷杆喷雾机、高地隙吊杆喷雾机、风送远程喷雾机等类型。在部分大型农场,航空植保机械也逐渐在棉花病虫害防治中得到应用。

5.3.4.3　棉花植保机械的基本原理、结构及特点

(1)担架式(推车式)机动喷雾机

① 基本原理与结构。

担架式(推车式)机动喷雾机由机架、发动机(汽油机、柴油机或电动机)、液泵、吸水部件和喷射部件等组成,有的还配置了自动混药器。作业时,发动机带动液泵运转,液泵将药液吸入泵体并加压,高压药液通过喷雾软管输送至喷射部件,再由喷射部件进行宽幅远射程喷雾。以担架式机动喷雾机为例,其结构如图5-8所示。

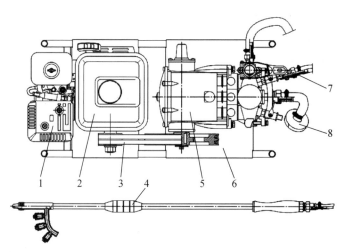

1—发动机;2—油箱;3—传动机构;4—喷射部件;5—液泵;6—机架;
7—喷雾软管;8—吸水部件

图 5-8　担架式机动喷雾机结构示意图

② 特点。

担架式(推车式)机动喷雾机具有作业效率高、有效射程远、雾滴穿透性强、雾量分布均匀等特点。该机具通过远射雾、圆锥雾和扇形雾等多种雾型组合喷洒,提高了雾量分布均匀性,通过高压喷雾,增加了雾滴在作物冠层中的穿透性和药液在作物中下部的沉积量,通过远程喷雾解决了棉花生长中后期枝叶茂密、交叉封行、人工无法下田防治的问题。该机具适用于棉花生长中后期病虫害的规模化防治。

(2)高地隙喷杆喷雾机

① 基本原理与结构。

高地隙自走式喷杆喷雾机由高地隙自走式底盘和喷杆喷雾系统两大部分组成。

喷雾系统部分由液泵、药液箱、液压升降机构、喷射部件、调压分配阀、多功能控制阀、风机、喷杆等部件组成。作业时,主药箱的药液经过滤器,流经泵,产生压力,经过压力阀流向控制总开关和射流搅拌,此时流向控制总开关的一部分药液通过自洁式过滤器、分配阀至喷杆喷雾。以 3WX – 2000G 为例,其结构如图5-9 所示。

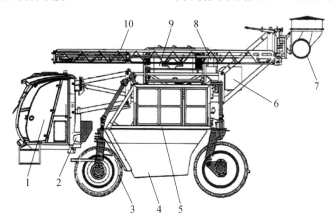

1—驾驶室;2—柴油箱系统;3—行走系统;4—药箱部件;5—车架部件;6—液压系统;
7—风幕部件;8—电力系统;9—发动机部件;10—喷杆部件

图 5-9　3WX – 2000G 高地隙喷杆喷雾机结构示意图

② 特点。

高地隙喷杆喷雾机离地间隙高,田间通过性能好,喷杆升降范围大,可广泛用于玉米、棉花、甘蔗等高秆作物不同生长期,尤其是中后期的病虫草害防治。同普通拖拉机配套使用的悬挂或牵引式喷杆喷雾机相比,自走式高地隙喷杆喷雾机具有机械化和自动化程度高、使用方便、通过性好、适用范围广、施药精准高效等优点,可有效提高农药利用率,减少农药使用量和对环境的污染。

（3）高地隙吊杆喷雾机

① 高地隙吊杆喷雾机的基本原理与结构。

吊杆喷雾机主要由隔膜泵、旋水芯喷头、药液箱、射流泵、射流搅拌器、喷杆桁架、吊杆和机架等部件组成。作业时,先给药液箱加入适量的引水,并将未加水的药液箱的开关关闭,然后将射流泵软管接在调压分流阀上,旋转分流阀手柄接通射流泵,关闭喷杆管路,把射流泵放入水源中,开动机器即可自动加水。加水后,旋动调压分流阀至接通喷杆,关闭射流泵的位置,卸下射流泵即可作业。

② 高地隙吊杆喷雾机的特点。

吊杆通过软管连接在横喷杆下方,工作时,吊杆由于自重而下垂,当行间有枝叶阻挡可自动后倾,以免损伤作物。吊杆的间距可根据作物的行距在每个吊杆下部安装的喷头方向任意调整。在对棉花进行喷雾时,对棉株形成了"门"字形立体喷雾,使植株的上下部和叶面、叶背都能均匀附着药液。此外,还可以根据作物情况用无孔的喷头片堵住部分喷头,用剩下的喷头喷雾,以节省药液,适用于棉花在不同生长期的病虫害防治。

（4）风送远程喷雾机

① 风送远程喷雾机的基本原理与结构。

风送远程喷雾机由药液箱、离心风机、隔膜泵、调压分配阀、传动轴和喷洒装置等组成。当拖拉机驱动液泵运转时,药箱中的水经吸水头、开关、过滤器进入液泵,然后经调压分配阀总开关的回水管及搅拌管进入药液箱,在向药箱加水的同时将农药按所需的比例加入药箱,这样就可边加水边混合农药。喷雾时,药箱中的药液经出水管、过滤器与液泵的进水管进入液泵,在泵的作用下,药液由泵的出水管路通过输药管进入喷洒装置的喷管中。进入喷管的药液具有压力,在喷头的作用下以雾状喷出,并通过风机产生的强大气流将雾滴再次进行雾化。同时,将雾化后的细雾滴吹送至棉花的各个部位。该喷雾机结构如图5-10所示。

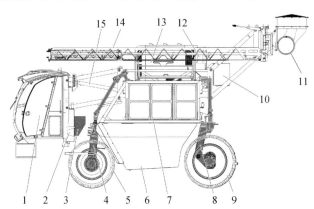

1—驾驶室;2—柴油箱系统;3—安全挡板;4—前轮驱动轴;5—前驱动轮;6—药箱部件;
7—车架部件;8—后轮驱动轴;9—后驱动轮;10—液压系统;11—风幕部件;12—电力系统;
13—发动机部件;14—喷杆部件;15—液压升降系统

图5-10 风送远程喷雾机结构示意图

② 风送远程喷雾机的特点。

与高地隙的喷杆喷雾机、吊杆喷雾机相比,风送远程喷雾机具有作业幅宽大、作业效率高的特点,风机产生的强力气流可直接将农药雾滴均匀送至靶标作物冠层的各个部位,而且无须下田即可进行病虫害防治作业。对作物的种植农艺要求低,不需要对作物的株行距等进行规划、控制,适用于棉花生长中后期的病虫害防治。

5.4　棉花打顶技术

棉花打顶是在棉花生产过程中摘除棉花顶心,促进棉株结铃、结桃,增加棉花产量的关键环节之一。棉花打顶技术作为棉花生产过程中的重要技术之一,直接影响棉花产量,是棉花机械化生产技术的重要组成部分。及时打顶可抑制棉株向上伸长,调节养分集中供应棉铃,有利于伏前桃、伏桃的充分发育成熟及纤维品质提高。打顶一般在 7 月 10—20 日结束。

目前,棉花打顶机技术主要包括人工打顶、机械打顶与化学打顶 3 种,本节将围绕这 3 种技术展开。

5.4.1　人工打顶技术

经过长期种植棉花的实践,逐步发现将棉花顶心摘除可以增加棉花产量,从而形成了传统的人工打顶技术,即在初花至盛花期间,人工摘除棉株主茎顶尖一叶一心,抑制顶端优势,促进果枝生长及棉株早结铃、多结铃、减少脱落,从而实现棉花增产增收。

5.4.1.1　棉花打顶的基本原理

通过打顶可消除棉花顶部的生长优势,调节棉花体内的水分、养分等物质的运输方向,使较多的养分供生殖器官生长,减少无效果枝对水肥的损耗,促进棉株早结铃、多结铃、减少脱落,有明显的增产、增收效果。其基本原理核心是抑制顶端优势。

顶端优势是指顶芽优先生长,而侧芽受到抑制的现象。原因是植物生长发育过程中顶芽产生生长素,而这些生长素向下运输,造成侧芽的生长素浓度过高,从而抑制侧芽生长。

5.4.1.2　人工打顶方法

棉的人工打顶就是通过人工摘除棉花顶芽,从而抑制顶端优势,促进棉花果枝的生长,将养分输送至果枝处,促进结桃结铃,从而增加棉花产量。棉花人工打顶是前人在棉花种植实践过程中逐步摸索出来的,其效果的好坏关键在于选择打顶时间和方法。打顶时间过早,会造成棉花早衰、赘芽丛生,影响产量;打顶时间过晚,易造成棉花旺长,无效花蕾增多,贪青晚熟,吐絮成熟推迟,霜后花比例增加,影响产量和品质。

（1）合理选择打顶时间

棉花打顶时间需要根据棉花种植时间及棉花生长期长度合理选择,需要遵循"时到不等枝,枝到不等时"的原则,无论植株有多高,均要及时打顶。棉花打顶的具体时间是在初花至盛花期间,一般为7~8月,为期7~10天。

（2）正确选择打顶位置

棉花人工打顶需要打去棉株顶部的一叶一心,同时兼顾侧枝,将部分较大侧枝顶部一并打去,并将打去的顶芽带出地块深埋,以防病虫害的传播,如图5-11所示。

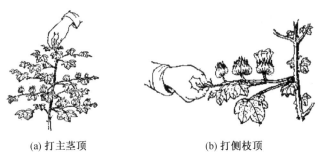

(a) 打主茎顶   (b) 打侧枝顶

图5-11　人工打顶

在新疆地区,棉花人工打顶的同时也进行适当的整枝,打顶时一般要求保留8~9个果枝,株高控制在65~70 cm为宜;对长势偏旺的棉田,要提前进行人工整枝,保留2~4个营样枝,剪去空枝和赘芽,以保证改善田间的通风透气条件,促进棉花早熟。

图5-12所示为棉株人工打顶位置及摘除的棉花顶心。其中,图5-12a为对棉株进行人工打顶的打顶位置,即要求去除棉株顶部的一叶一心的顶心位置,图5-12b所示为从棉株下摘除的棉花顶心。

(a) 棉株的人工打顶位置   (b) 棉株顶心

图5-12　人工打顶位置与摘除顶心

5.4.1.3　人工打顶的应用

长期以来,我国棉花打顶工作均是人工手动进行的,熟练的棉农打顶作业效率为每人每天2~3亩,而棉花打顶的最佳时期为7~10天,错过了最佳打顶期,棉花产量与质量将受到影响。因此,对于大面积棉花种植的区域,棉花打顶工作需要大量的棉农一同作业才能完成,而面对如今日益短缺的劳动力,人工打顶成为制约棉花生产的一个重要因素。

在过去,棉花打顶一直依靠人力,一方面因人工操作打顶作业质量因人而异,无法保证一致性,影响了棉花的产量;另一方面作业效率较低、劳动强度大、工作环境恶劣。面对如今劳动力成本急剧增长、劳动力数量下降、居高不小的人力成本、效率低下的作业方式,棉花人工打顶已经无法满足大规模的棉花生产模式,且无法适应现代农业的发展,因此逐步涌现出机械打顶与化学打顶等先进打顶技术,人工打顶方式终将被取代。

5.4.2　机械打顶技术

棉花机械打顶技术是在如今农业生产机械化发展过程中逐步形成的替代人工打顶的物理打顶技术,其原理与人工打顶一致,通过棉花打顶机械替代人工,通过机械将棉花顶端切除,实现打顶,从而提高棉花打顶作业效率,降低棉农劳动强度及棉花生产成本。

5.4.2.1　垂直升降式单体仿形棉花打顶机

垂直升降式单体仿形棉花打顶机设计有 3 行与 6 行两款。其采用垂直升降式旋切原理切除棉花顶尖,而且切割器可根据棉花高度垂直升降实现单体棉花的随即仿形,完成打顶作业。3MD – 6 垂直升降式单体仿形棉花打顶机主要技术参数见表 5-4。

表 5-4　3MD – 6 型棉花打顶机主要技术参数

参数	数值
长 × 宽 × 高/mm	1 100 × 2 200 × 1 450
整机质量/kg	180
打顶率/%	≥90
打顶长度合格率/%	≥85
漏切率/%	≤10
作业速度/(km · h^{-1})	2.5 ~ 4
打顶量/mm	≤100
作业幅宽/行	6(行距可调)
打顶高度/mm	500 ~ 900
配套动力/kW	>36.8

（1）结构组成

垂直升降式单体仿形棉花打顶机主要由组合式机架、液压系统、电气系统、仿形平台、切割器、传动系统组成,如图5-13所示。

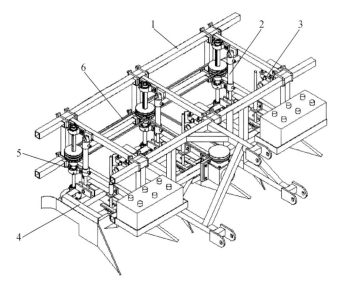

1—组合式机架;2—液压系统;3—电气系统;4—仿形平台;5—切割器;6—传动系统

图5-13　垂直升降式单体仿形棉花打顶机结构

传动系统包括套管伸缩装置、皮带、固定轴承、升降油缸、大带轮、变速器、中间带轮等,可实现切割器的旋转和垂直升降;仿形平台位于组合机架下部,通过销子和轴承座分别与固定在机架上的升降油缸、套管伸缩装置内的切割器刀轴连接,在升降油缸与可拆卸导向器作用下垂直升降,其结构包括仿形底座、可拆卸导向器、可移动仿形器、扶禾器、销轴和轴承座等;电气系统包括遥控开关、蓄电池、接近开关1、2;液压系统包括升降油缸、油管、分配器、电磁换向阀、溢流阀。

（2）工作原理

棉花打顶机以三点悬挂方式与拖拉机连接,随机车前行,拖拉机动力输出轴通过万向节将动力传递到变速器,与变速器连接的大带轮通过胶带将动力传递到中间带轮,中间带轮再将动力分配到两侧带轮,各带轮处于同一水平位置,以此保证套筒伸缩装置的动力分配;带轮与套筒伸缩装置固定,套筒伸缩装置通过滚动销带动切割器产生旋转运动,伸缩套筒上的导向槽既保证动力的传递,在油缸作用下又能保证切割器垂直升降工作。当棉花比较低时,仿形板下降,接近开关1导通,并将信号传递到电磁阀,电磁阀控制升降油缸带动仿形平台下降,切割器随之下降;当棉花高时,仿形板上升,接近开关 1 断开,接近开关 2 导通,将信号传递到电磁阀,电磁阀控制升降油缸带动仿形平台上升,与仿形平台连接的切割器随之上升;当棉花高度稳定不变,仿形板处于接近开关 1、2 之间,电磁阀处于中间截止位,升降油缸不动作,仿形平台连接的切割器工作高度不变,从而实现单体棉花的随即仿形,切割器根据棉花高度垂直升降,旋转切除棉花顶尖,完成打顶作业。

5.4.2.2　自走式棉花打顶机

（1）3MD - 3 型自动棉花机械打顶机

3MD - 3 型自动棉花机械打顶机（见图 5-14）是国内研制的一款智能型棉花打顶机,采用单体仿形结构,可同时实现 3 行棉花打顶作业,每行均可独立进行仿形控制,实现精确打顶。棉花机械打顶机结构上采用独立的分体式结构,每个分体具有独立的升降仿形系统与切削系统,其升降仿形系统通过伺服电机驱动,再经过齿轮齿条机构转换,实现切削刀具的升降仿形动作;切削系统采用双圆盘刀结构,通过电动机驱动,经过皮带传动到刀轴,并通过一级齿轮传动实现双刀轴的旋转,带动两切刀的旋切动作,从而实现棉花打顶过程的可靠切削。

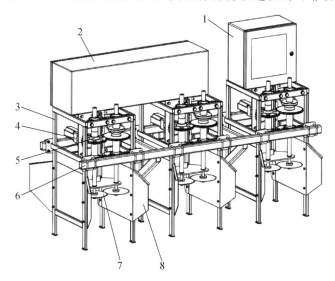

1—触控屏控制柜;2—PLC 控制柜;3—分体机架;4—提升驱动系统;
5—旋切驱动系统;6—主机;7—双圆盘刀切削系统;8—分禾器

图 5-14　3MD - 3 型自动棉花机械打顶机

3MD - 3 型自动棉花机械打顶机有别于传统的棉花机械打顶机,它采用一套PLC 伺服控制系统来实现自动控制,其控制系统包括操控触摸屏、PLC 控制器、棉花高度传感器、电机驱动器、车速传感器等,如图 5-15 所示。自动棉花机械打顶机工作时,通过安装于各个分体上的棉花高度传感器对棉花高度进行检测,并将数据传输给主控的 PLC 控制器,PLC 控制器结合棉花高度与用户设置的棉花打顶高度计算出切削位置,然后通过电机驱动器控制升降仿形系统,使打顶切刀升降至所要求的切削高度位置;另外,PLC 控制器同时根据用户设置(通过触摸屏设置)的打顶切刀转速,实现棉花打顶刀的旋切,从而完成棉花顶端的切削和打顶动作。

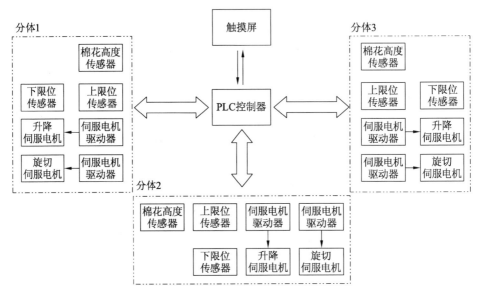

图 5-15　3MD－3 型自动棉花机械打顶机伺服控制系统

(2) 3MD－4 型智能棉花机械打顶机

3MD－4 型智能棉花机械打顶机(见图 5-16)是在自动棉花机械打顶机基础上进一步优化改进的新一代棉花打顶机,其应用基于总线型的分布式控制网络,各打顶分体具备独立的伺服驱动系统及控制器,从机械与智能控制两方面实现打顶分体的真正"独立"。该机型可根据作业需求选配任意数量分体,进行多行的棉花打顶,极大提升了该机型的灵活性与适应性,同时提升作业效率。图 5-16 所示为可同时进行 4 行作业的智能棉花机械打顶机,其挂接在一台高地隙喷药机后即可进行作业。

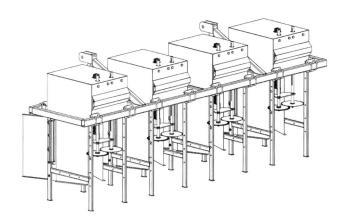

图 5-16　3MD - 4 型智能棉花机械打顶机

表 5-5 为 3MD - 4 型智能棉花机械打顶机相关参数。此 4 行棉花打顶机试验可挂接于高地隙底盘拖拉机或喷药机,作业效率可达到 0.667 hm²/h。

表 5-5　3MD - 4 型自动棉花机械打顶机参数

项目	参数值	说明
长 × 宽 × 高/mm	2 960 × 650 × 1 200	
额定功率/kW	6	打顶机工作部件功率
作业行/行	4	
作业速度/(km·h⁻¹)	2.2	
作业效率/(hm²·h⁻¹)	0.53 ~ 0.67	试验测得的最高速度 即 0.533 ~ 0.667 hm²/h
配套动力/kW	>50	

注:参数为 4 行机对应的参数,不含牵引车辆。

3MD - 4 型智能棉花打顶机采用了与上一代自动型棉花打顶机相似的机械结构,而其采用的基于 485 总线的分布式控制系统包括主控触摸屏、分体控制器、升降执行器、旋切执行器、棉花高度传感器、打顶刀位置传感器与转速传感器、测速编码器等,如图 5-17 所示。其工作时通过主控触摸屏可分别对各个分体控制的打顶高度、旋切转速等参数进行设定,分体控制器根据设定的旋切转速控制旋切执行器,并通过打顶刀转速传感器进行转速反馈调节,保持切削转速的稳定;同时,通过分体控制器棉花高度传感器测得的高度信息计算获得切削高度位置,结合打顶刀位置传感器信息,从而确定打顶刀移动的距离,进而发出控制指令控制升降执行器,使打顶刀运动到打顶位置进行切割;另外,分体控制器也实时将打顶刀的位置、转速、棉花高度信息实时发送至主控触摸屏,使用户可以准确获得相关信息,确保打顶机的正常工作。

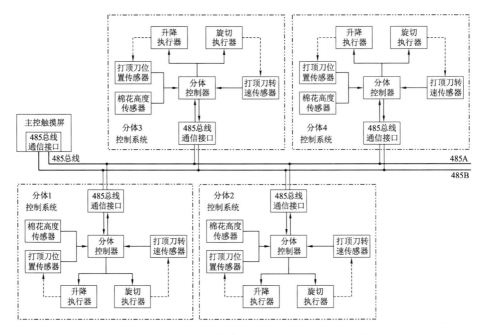

图 5-17　基于 485 总线的棉花打顶机分布式控制系统框图

5.4.3　化学打顶技术

棉花化学打顶是在人工、机械等物理打顶基础上,进一步研究植物生长特性而发展起来的新型打顶技术。棉花打顶仍是制约棉花全程机械化的关键环节,棉花化学打顶整枝技术对提高棉花全程机械化水平、扩大规模化种植、降低植棉成本具有重要意义。

5.4.3.1　化学打顶的研究状况

化学打顶技术,即化学封顶技术,是利用植物生长调节剂强制延缓或抑制棉花顶尖的生长,从而达到调节营养生长与生殖生长的目的。植物生长调节剂具有优化冠层结构及增加产量等作用。

20 世纪 60 年代,国外已经开始在杜鹃、菊花等花卉上开展化学封顶的研究,而国内化学封顶多用在烟草上。1997 年我国开始有关棉花化学封顶剂的研究;2008 年以皖棉 19 为试材,研究了叶面喷施辛酸甲酯、癸酸甲酯和 6-苄基腺嘌呤对棉花去顶的影响,发现这 3 种试剂均能降低棉花的株高,适宜浓度的生长调节剂能够在一定程度上代替物理打顶;而后国内学者研究了封顶剂对农艺性状的影响,发现其可以使棉花株型紧凑,上部果枝结铃数和内围铃数要略高于人工打顶,随后各种应用研究不断增多。目前,化学封顶的应用效果参差不齐,产量波动大,有待进一步研究。还有学者使用氟节胺复配型（简称氟节胺）打顶剂进行化学试验,研究棉花冠层结构指标及产量形成的影响。与人工打顶相比,化学打顶株高、主茎节数增加、株宽变小,株形紧凑;不同部位冠层开度较大,叶面积指数较高,不同冠层光吸收较人工打顶的均匀,中、下部冠层光吸收率高;不同打顶剂中,氟节胺处理的棉花产量有增加的趋势。研究表明,通过叶片吸收药剂,封顶效应较慢,与人工打顶相比叶面积指数较高;由于对果枝长度控制,使株形紧凑,冠层开度增加,保证了冠层中、下部高的光吸收率。

利用研发的复配剂噻苯隆·乙烯利悬浮剂化学打顶剂,强制延缓或抑制棉花顶尖的生长,控制棉花的无限生长习性,从而达到类似人工打顶的调节营养生长与生殖生长的目的。化学打顶可有效替代人工打顶,减少人工投入,降低劳动成本。化学打顶剂可有效控制主茎和上部果枝的伸长,塑造塔型或桶型株型,有利于实现机械收获。

5.4.3.2　棉花打顶剂

（1）种类

目前常用的棉花化学打顶剂主要有氟节胺和缩节胺。

① 氟节胺。

氟节胺,即抑芽敏,为接触兼局部内吸性植物生长调节剂,由 2,6-二硝基-4-三氯甲基氯苯与 N-乙基-N(2-氯-6-氟苄)胺反应生成,图 5-18 为其结构式,其分子里的 Et 链可以抑制顶尖纺锤体的形成,从而使顶尖细胞不分裂或少分裂,抑芽作用迅速、吸收快、药剂接触完全伸展开的叶片不产生药害,同时可塑造理想株型,促进早熟,提高棉花品质,增加棉花产量,替代人工打顶。

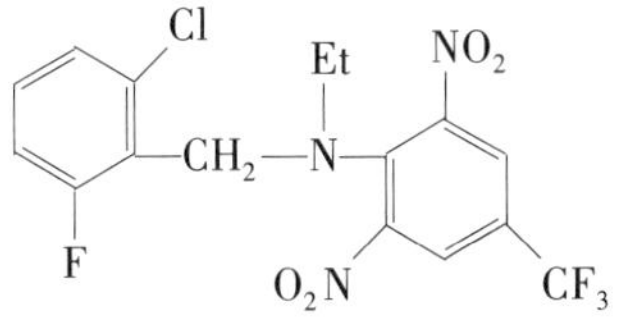

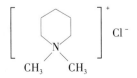

图 5-18　氟节胺结构式

② 缩节胺。

缩节胺,即植物生长延缓剂缩节胺(1,1-二甲基哌啶鎓氯化物),图 5-19 为其结构式。

$$\left[\begin{array}{c} \\ N \\ CH_3 \quad CH_3 \end{array} \right]^{+} \quad Cl^{-}$$

图 5-19　缩节胺结构式

缩节胺对植物营养生长有延缓作用,通过植株叶片和根部吸收,传导至全株,可降低植株体内赤霉素的活性,从而抑制细胞伸长,顶芽长势减弱,控制植株纵横生长,使植株节间缩短,株型紧凑,叶色深厚,叶面积减少,并增强叶绿素的合成,可防止植株旺长,推迟封行等。缩节胺能提高细胞膜的稳定性,增加植株抗逆性。

（2）氟节胺的使用方法

① 使用时间。

根据各地气候、不同地块、棉花长势、果枝台数,比预定的人工打顶时间推迟7~10天使用打顶剂,但绝不可与人工打顶同期,例如预定人工打顶时间为7月10日,喷洒打顶剂最佳时间为7月17—20日。

② 使用浓度。

每亩最佳使用量为50 g兑水20 kg,如果每亩用水量超过20 kg,要适当增加药液使用量,可参照以下比例:55 g兑水30 kg,60 g兑水35 kg,67 g兑水40 kg。也可参照以下公式:药罐千克数×1 000÷600 = 每罐药液克数。机喷把吊喷去掉,平喷即可,以免用水量过大造成打顶剂浓度过低,影响使用效果。根据棉花长势、水肥条件要酌情加大使用量,多枝棉和大水漫灌地块必须加大使用量。

③ 配药注意事项。

打顶剂必须二次稀释,先将打顶剂倒入水桶中加水搅匀,然后待药罐加水三分之二时倒入药罐。打顶剂根据棉田长势可与缩节胺配合使用,不得和其他药、肥混合使用。在喷打顶剂前必须清洗药罐、喷管、喷头。

④ 和缩节胺的配合使用。

使用打顶剂前后,应根据棉田长势、水肥条件及时喷洒缩节胺进行化控,避免棉花长势过旺。打顶剂只能控制顶尖和侧枝的幼芽,整体株高和节间距离需要缩节胺进行化控。

⑤ 喷打顶剂和滴水时间的调整。

上下两次滴水的正中间喷洒打顶剂最佳(喷药前后3天不要滴水或灌溉),绝不能在喷打顶剂后立即滴水或滴水后立即喷打顶剂。喷打顶剂后,要注意水肥管理,严禁大水、大肥,以免因水肥过大降低药效。

⑥ 后期施肥管理。

喷施过打顶剂后,为提高座桃率,增加产量,应严控氮肥,重施磷钾肥及微量元素肥料,并做好病虫草害的预防。

（3）化学封顶与化学调控施药规程

初花期(10%的棉株第一朵花开放)缩节胺用量2~3 g/hm^2;喷施7~10天后再次喷施缩节胺,用量4~5 g/hm^2,一般在7月13日左右进行。

盛花期后进行化学封顶,一般在7月20日左右喷施加强型缩节胺一次。降水量少,喷施剂量 50 ~ 75 mL/hm²;降水量多,喷施剂量 75 ~ 100 mL/hm²。

化学封顶后 7 ~ 10 天,缩节胺用量 8 ~ 10 g/hm²。

5.4.3.3　化学打顶剂施用机械

我国化学打顶研究起步较晚,化学打顶技术仍在研究过程中,与之配套的专用化学打顶配套机械还不完善。目前化学打顶应用过程中采用常见的喷雾机等植保机械作为棉花打顶剂施用机械。

由于目前使用的化学打顶剂多为液态,因此小型田块采用手动喷雾器、机动喷雾器等小型机械,对于大型农场则使用喷杆喷雾机(见图 5-20)等大型喷药设备。

图 5-20　棉花打顶剂喷杆喷雾机

5.4.4　打顶装备应用

5.4.4.1　打顶机械的应用前景

随着棉花生产机械化的发展,传统低效的人工打顶终将退出历史舞台,先进的棉花打顶技术将取代人工,棉花打顶必定走上机械化道路。

棉花打顶装备作为替代人工进行打顶的重要装备,是棉花生产机械的重要组成部分。无论是采用物理方式的机械打顶,还是使用打顶剂的化学打顶,均不能缺少与之配套的棉花打顶机械。合理配套相应的棉花打顶装备,提升打顶效率,节约打顶成本,对减少棉花生产投入,增加棉农收益将有重要作用。

5.4.4.2　打顶机械的选用

棉花打顶机械的选用需要注意以下几点。

(1)与打顶方式配套

由于棉花机械打顶与化学打顶属于 2 种完全不同的打顶方式,所采用的机械装备完全不同,因此需要根据所需要的打顶方式选用相配套的打顶机械。化学打顶作业效率高,适应多种施药机械,但化学试剂对棉花品质、作物生长等方面存在一定影响,对土壤、水源等存在污染隐患;机械打顶作业效率高,采用专用设备,维护成本低,但前期投资购置成本较高。应合理选择打顶方式,根据棉花种植的规模及不同打顶方式对棉花产量、品质方面的影响进行综合考虑。

（2）与生产规模相适应

棉花打顶机械的选用需要与生产规模相适应。经济效益是棉花生产最终考核指标，而棉花打顶作为棉花生产的重要环节之一，是影响棉花生产效益的重要组成部分。应根据生产规模，合理选择打顶机械，提高打顶效率，降低打顶环节的生产成本，进而提高棉花生产收益。

（3）打顶机械的作业质量评价

目前棉花打顶机械的作业质量暂无统一的评价标准，各种打顶方式的质量仍在研究过程中。其中，机械打顶多沿用人工打顶的评价方式，主要考虑的是打顶的长度，核心评价是漏打率、过打率；化学打顶则考虑打顶后棉株生长高度、棉铃数、单铃重等。尽管在评价方式上存在差异，但最终反映在棉花生产上的则是棉花产量与棉花品质，因此在选用打顶机械时应综合考虑对棉花产量与品质的影响。

第 **6** 章　棉花机械化收获技术

棉花是我国主要的经济作物之一,是仅次于粮食的第二大战略性农作物,在国民经济中占有重要地位,尤其在新疆地区,棉花生产已成为其支柱型产业。我国在棉花生产过程的耕整、种植、植保等环节已基本实现机械化,但是收获环节的机械化采收率严重不足,许多地区甚至是零机收率,要求实现节本增效、尽快解决这一"瓶颈"问题,努力加快机械化采收进程的呼声越来越迫切。我国棉花收获迫切需要摆脱生产力对劳力数量的依存关系,棉花收获机械化势在必行。

6.1　概　述

棉花收获作为棉花生产过程中十分重要的一环,也是耗费劳力最多的作业环节。长期以来,我国棉花收获以人工采收为主,而人工采收生产效率低下,耗时耗力,用工量大,难以满足棉花收获需求。随着我国经济发展进入转型阶段,农村的农业劳动力人口逐渐向城市转移,使得农业劳动的人力资源成本上涨,且由于社会经济总体成本的上升,农业生产的劳动力成本愈加上升,人工采棉已越来越不适应我国国民经济的发展。

6.1.1　棉花机械化收获准备

棉花机械化收获是一项科技含量高的系统工程,它涉及棉花品种、农艺栽培措施、田间生产管理、残膜回收、化学脱叶催熟、机械采收、棉花清理加工、皮棉质量标准等诸多环节;同时,棉花收获机械化又是一项面广量大的综合性、多科学的系列工程,需要充分发挥集体优势,实行统一的、强有力的领导,把各方面的积极性充分调动起来,集中必要的人力、物力、财力,统筹安排,协调配合,全面考虑农艺、农机、清理加工、产品供应、生产销售等各个环节。在我国,必须根据棉花收获机械化技术装备的要求,并结合棉花生产现状,从系统工程的高度,全面改进和优化系统的棉花种植机械化过程。

（1）揭膜清田

沟灌棉田头水前3～5天集中劳力揭膜,拾尽残膜,并于采收前再人工复拾,防止采收环节地膜污染。滴灌棉田机采前如果揭膜,则要收净残膜、滴灌管;要保证膜的完整性,避免残膜混入,压好滴灌管接头,以防翘起。采收前组织人工将地头两端采摘出 15 m 的作业机具转向带,对不规则的地边、地角进行人工采摘,并将棉秆彻底砍除或粉碎,以便采棉机卸棉、打模和机车拉运。

(2) 收获要求

当棉花脱叶率达到 90% 以上,吐絮率达到 95% 以上时进行机采棉作业;采收作业质量标准为采净率达到 ≥93%,撞落棉 ≤7%,籽棉含杂率 ≤12%,籽棉含水率 ≤12%;根据棉田棉株的高度、密度等及时对采棉机进行调整,保证机采棉的作业质量;机采棉作业时,每工作 2~3 圈应及时清理采摘头、脱棉盘和毛刷之间的杂物,并及时清除棉箱外部的棉絮和棉叶;严格控制好采棉机进出地的时间。

6.1.2 收获机械化技术工艺路线

实施机采棉工程,首先要以硬件配置为基本前提,即必须购置采棉机和改造配套的机采棉清理加工生产线。在过去国内尚无使用机械可供选择的情况下,引进国际市场上已成熟运用的采棉机推进机采棉工程,这些采棉机必须在 76 cm 等行距范围内使用。为使采棉机既能进地作业,同时又能确保高产矮化密植栽培模式的落实,通过多年的反复验证,应采用 76 cm 等行距种植模式。为更好地清除杂物和叶屑,应在棉花付轧前配备清花设备,以确保清理籽棉后的棉花达到质量标准,且要求在采棉机进地前 10~20 天喷洒脱叶剂等,将棉株叶片脱落,尽量降低机采棉的含杂量。

实施机械采棉工程,则要保证采棉机的工作效率。要求田地要平整、没有渠埂,长度不小于 300 m;棉花株型要适合于机采,最低结铃部位应高于地面 180 mm,且不倒伏,成熟期、吐絮期集中;种植模式要适应采棉机,采用 76 cm 等行距或 (66+10)cm 宽窄行种植模式;在播种时要严格控制交接行间距,误差不得大于 ±2 cm,以保证采棉机在作业时能够正常进行,提高采净率和采摘效率,降低落花损失;要适时、适量、适温喷施脱叶剂,当吐絮率达到 40%,连续一周气温达到 15 ℃ 以上且无雨时即可喷施。运输籽棉方式应采用打模机打模、转运专用车、开模设备等组合工艺措施,达到均衡生产、提高整体效率的目的。工厂清理加工籽棉要保证连续作业,正常发挥工作效率和能力;要采取强有力的措施防止废地膜混入机采棉花中;为保持棉花本身具有的品质,机采棉花清理加工前要求含杂率不大于 12%,含水率不大于 10%。

目前推广的棉花收获机械化技术工艺路线为:适应大型机械作业的田地条件→适应机采的棉花品种→适合采棉机采收的栽培模式→科学的田间管理→及时配施配方合理的落叶催熟剂→优质高效的采棉机作业→高效的转运→良好的贮藏→高效高质的清理加工→皮棉成品。棉花机械化采收工艺流程图如图 6-1 所示。

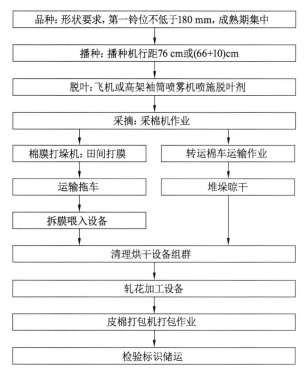

图 6-1　棉花机械化采收工艺流程图

6.1.3　机收的农艺要求

机采棉要求品种有高产、优质、抗病、早熟等特性,结合棉花生产实际,机采棉对棉花品种的要求见表 6-1。

表 6-1　机采棉对棉花品种的要求

	株型特征			品种熟性	吐絮要求	抗逆性
	株型	株高	果枝始高度			
理想品种目标特性	平均株高 80~90 cm	果枝始节距地面 18~20 cm	果枝类型为 I–II 式果枝;紧凑	生育期较常规品种平均缩短 20 天左右;形成超早熟、次早熟、早熟品种的合理搭配	吐絮快而集中,含絮力中等,平均吐絮期在 35~40 天,铃壳开裂好	抗病、抗旱、抗倒伏
目前机采棉品种特性	株高差异较大,介于 85~110 cm	果枝始节位 6~7 节,果枝始节距地面 15~20 cm	通过化学调控塑造理想株型	早熟性突出	吐絮相对集中,铃壳开裂好,不卡壳	抗病,不倒伏

6.1.3.1 机采棉对品种性状的要求

为了提高采棉机的效率,降低采棉成本和延长采棉期,要求棉花品种吐絮快且集中,吐絮畅且含絮力中等,铃壳开裂性好,茎秆粗壮,基部节间短,不易倒伏。由于采用带状种植方式,窄行内棉株相对密集,因此,要求品种株型紧凑,第1果枝结铃距地面高度要大于18 cm,整齐度好;果枝类型为Ⅰ–Ⅱ式果枝,赘芽少;叶片中等偏小而上举,棉株清秀,通透性好。由于机械采收的籽棉加工工序较多,对纤维长度有一定影响,因此,机采棉品种的纤维长度要比手采棉长1~2 mm。

6.1.3.2 机采棉对脱叶剂反应要求

机械采收前棉花必须实施脱叶,脱叶效果与品种特性有密切关系。为提高机械化采棉的采摘率和作业效率,同时降低籽棉含杂率及减少叶片对籽棉的污染,要求棉花叶片对脱叶剂的反应比较敏感,以提高化学脱叶效果。为延长采收期,提高采棉机的利用率,生产单位中应形成超早熟、次早熟、早熟品种的合理搭配。

脱叶剂的喷施保证在气温高于15 ℃以上才可喷药,确保棉叶脱净率。进行机采的地块必须提前18~25天喷施脱叶剂,并对预采收地块进行脱叶率、吐絮率和含潮率检查,符合要求才能作业;及时对作业过程中和作业后的质量进行检查,确保脱叶率在90%以上,吐絮率达到95%以上,采净率达到93%以上。

6.2 棉花收获机械

6.2.1 收获机械类型和特点

在棉花主产国,如美国、澳大利亚、巴西、以色列等,棉花生产已基本实现全程机械化,机采棉技术在这些国家已成为一项成熟的常规生产技术。独联体产棉国棉花收获也已达到70%以上,其中棉花较集中的乌兹别克共和国机械采棉实现程度达90%以上。

采棉机根据采摘原理的不同大致分为两大类:选收式采棉机和统收式采棉机。选收式采棉机按其摘锭相对地面的位置,一般可分为水平摘锭式和垂直摘锭式,水平摘锭式实际应用最为广泛。统收式采棉机,主要有刮板毛刷式、刷辊式和指刷式等几种类型。

6.2.1.1 选收式采棉机

选收式采棉机是根据棉花的成熟程度对棉花进行选择性采收。这种机型布局合理,适应性强,可靠性高,采摘率高达95%以上,且落地面棉少,籽棉品级较高,但机型具有结构复杂、制造困难、价格昂贵和保养困难的缺点。目前常用的选收式采棉机主要有水平摘锭式和垂直摘锭式。

（1）水平摘锭式采棉机

美国以水平摘锭式采棉机为主,该机型的采摘单体主要由水平摘锭滚筒、采摘室、脱棉盘、淋润器、积棉室、分禾器及传动系等组成。采棉机的单体工作过程:棉株在扶导器的引导下进入采摘室,随着机器的前进,棉株被压紧,旋转的摘锭按设定的运动轨迹伸出栅板呈垂直状插入被挤压的棉株,与吐絮的棉铃相遇;摘锭上的钩齿钩住籽棉,籽棉随着摘锭的旋转从棉铃中被牵拉出来,并逐层缠绕在摘锭上;反向旋转的脱棉盘利用反向摩擦力将摘锭上的籽棉脱落,再由风机产生的负压,集棉室内的棉花被吸入棉箱,一次采摘便完成。

水平摘锭式采棉机在美国应用较多,其结构复杂,对工作部件的制造精度要求高,摘棉率可达 93% 左右,籽棉含杂率为 5% ~ 10%。

（2）垂直摘锭式采棉机

垂直摘锭式采棉机主要由扶禾器、垂直摘锭滚筒、输棉管、风机与集棉箱等部分构成。工作原理:棉株由扶导器引入采摘室,左右两侧滚筒从两侧挤压并相对向后旋转,使滚筒和棉株脱棉区接触的周边与棉株的相对速度等于 0,保持棉株直立,高速旋转的摘锭与棉铃接触,其上的钩齿钩住开裂的籽棉并将其从铃壳中拉出来缠绕在摘锭上,待摘锭被转至脱棉区时,反向旋转的脱棉器从摘锭上脱下籽棉,再利用气流将集棉室中的棉花送入棉箱。

垂直摘锭式采棉机适宜采摘棉株分散且少而短、棉铃集中、棉高小于 80 cm、行距为 60 cm 和 90 cm 的棉花,其代表机型有 XBA-1.2 型、XBH-1.2 型、XH-3.6 型和 XC-15 型。由于垂直摘锭式采棉机的摘锭比水平采棉机的摘锭少很多,所以垂直摘锭式采棉机有效采摘面积较小,棉花的采净率相对较低,一般只有 80% ~ 85%,落地棉为 10% ~ 20%,通常需要多次采摘,机器效率比水平摘锭采棉机低 20% 左右,而且自动化水平低,操作性能差,人工辅助时间多。垂直摘锭式采棉机目前只在乌兹别克斯坦等一些苏联国家使用,我国在引进后试验效果不理想,故未能大规模推广应用。

6.2.1.2　统收式采棉机

统收式采棉机是一次性将吐絮的棉铃和未成熟的棉桃全部采摘下来,然后通过籽棉预清理装置进行清杂处理。该机型具有适用范围广、结构简单、摘净率高和成本低等特点,缺点是含杂较多。现介绍两款能满足我国棉花种植模式和特点的轻型采棉机。

（1）刷辊式采棉机

刷辊式采棉机的工作原理与摘锭式采棉机的工作原理完全不同,它是利用刷辊自转产生的离心力和摩擦力将籽棉脱落并甩到绞龙中,通过输送系统将籽棉送入预清理装置;根据刷辊材料形式不同可分为板刷式及刮板毛刷式。相比于摘锭

式采棉机,刷辊式采棉机具有结构简单、质量小、价格低、便于维护等优点。

刷辊式轻型采棉机是针对我国长江流域棉区生产条件研发的一种新型的棉花收获机械,可适应不同棉区的机采棉种植模式。我国长江、黄河流域两大棉区及新疆地方棉农众多,种植地块相对分散,适合推广应用中小型采棉机,刷辊式轻型采棉机也能够很好地适应这些地区起垄种植方式,突破了长江流域机采难的问题。该机具有结构简单、采摘效率高、适应性强、使用和维护成本低、易于操作、价格低廉及维护方便等优点。

(2)指刷式采棉机

指刷式轻型采棉机由采摘系统、输棉系统和除杂系统等组成。其工作过程是:指刷式采棉机行进中,吐絮棉株经采摘头前部导棉区受挤压后进入采摘头内部摘棉区,采摘辊筒上均匀布置的弹指对摘棉区内部的棉花进行梳刷抽打,使吐絮棉从棉株上脱离,脱下的籽棉与杂质混合物被抛入搅龙内,然后经过输棉系统进入除杂装置,清理后的籽棉被送入集棉箱,完成采收过程。

6.2.2 采棉机结构与工作原理

6.2.2.1 水平摘锭式采棉机

该型机的采摘部件(工作单体)主要由水平摘锭滚筒、采摘室、脱棉器、淋洗器、集棉室、扶导器及传动系等构成,如图6-2所示。每组工作单体2个滚筒,前后相对排列;其摘锭是成组安装在摘锭座管体上,摘锭座管体总成在滚筒圆周均匀配置,一般每个滚筒上配置12个摘锭座管总成,在每个摘锭座管上端装有带滚轮的曲拐。采棉滚筒做旋转运动时,每个摘锭座管与滚筒"公转",同时成组摘锭又"自转"。工作时,由于摘锭座管上的曲拐滚轮嵌入滚筒上方的导向槽,在滚筒旋转时,拐轴滚轮按其轨道曲线运动,而摘锭座管总成完成旋转、摆动运动,使成组摘锭均在棉行成直角的状态进出采摘室,并以适当的角度通过脱棉器和淋洗器。在采摘室内,摘锭上下、左右间距一般为38 mm,呈正方形排列,包围着棉铃,由栅板与挤压板形成采摘室。脱棉器的工作面带有凸起的橡胶圆盘,与摘锭反向高速旋转。淋洗器是长方形工程塑料软垫板,可滴水淋洗摘锭。采棉机的采棉工作单体设在驾驶室前方,棉箱及发动机在其后部,通常情况下,采棉机采用后轮导向且大部分为自走型。

其工作过程是:采棉机沿着棉行前进时,扶导器将棉株聚拢,送入工作室,摘锭插入被挤压的棉株,钩齿抓住籽棉,把棉絮从棉铃中拉出来,缠绕在摘锭上,高速旋转的脱棉器把棉絮脱下,由气流管道送入集棉箱,摘锭从湿润刷下通过,经刷洗,清除掉绿色汁叶和泥土后,重新进入工作室。

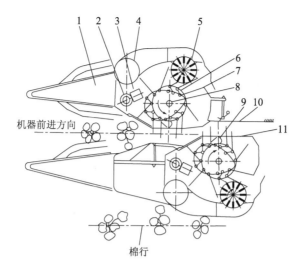

1—棉株扶导器;2—润湿器供水管;3—润湿器垫板;4—气流输棉管;5—脱棉器;
6—导向槽;7—摘锭;8—采棉滚筒;9—曲柄滚轮;10—压紧板;11—栅板

图6-2 滚筒式水平摘锭采棉部件示意图

代表机型如下:

(1) 约翰·迪尔9970型自走式采棉机

该机型(见图6-3)采用约翰·迪尔6缸发动机,排气量6.8 L,涡轮增压,四阀,高压共轨燃油喷射系统;传动系统采用3-速静液压传动,第一级齿轮采摘速度0~5.8 km/h,第二级齿轮刮采速度0~6.9 km/h,第三级齿轮运输速度0~24.9 km/h,倒挡速度0~12.2 km/h,液压制动或机械驻车制动;采用采摘头PRO-12型采摘滚筒,每个采摘头有2个采摘滚筒,每个采摘滚筒装有12根摘锭座管,每根摘锭座管装有18根摘锭;采用无污染脱棉盘,方便保养的旋出式润湿器柱,带大水清洗系统的精确润湿控制,采摘头整体润滑系统,采摘头和籽棉输送监测系统。

图6-3 约翰·迪尔9970型自走式采棉机

125

（2）约翰·迪尔9996型自走式采棉机

该机型（见图6-4）发动机采用涡轮增压,高压共轨燃油喷射系统,中冷式;传动系统采用3速静液压变速箱,一挡齿轮0～6.4 km/h采摘速度,二挡齿轮0～7.9 km/h刮采速度,三挡齿轮0～27.4 km/h运输速度,静液压驱动,带驻车制动的多盘式、湿式制动器;采用PRO-12型采摘头、PRO-X型摘锭、无污染脱棉盘、方便保养的旋出式润湿器柱、带大水清洗系统的精确润湿控制、采摘头整体润滑系统、电子采摘头和棉花输送监测系统、内侧采摘头高度探测、电子采摘头高度控制和探测装置。也可以选装PRO-16型和PRO-12VRS型采摘头。

图6-4 约翰·迪尔9996型自走式采棉机

（3）约翰·迪尔7660型自走式采棉机

7660型采棉机（见图6-5）配备了Pow-TechTMPlus、额定功率为274 kW、电子控制的柴油发动机。柴油箱容积1 136 L,确保机器能够在田间有更多的采摘作业时间。7660型采棉机配备了Pro-16或Pro-12 VRS采摘头（选装）。Pro-16采摘头的前滚筒有16根座管,后滚筒有12根座管,每根座管20排摘锭。

图6-5 约翰·迪尔7660型棉箱式采棉机

Pro-12VRS 前、后滚筒各有 12 根座管,每根座管有 18 排摘锭。每个采摘头中的 2 个采摘滚筒呈"一"字形前后排列。采摘头的采摘行距配置适应性广,能够采摘种植行距为 76 cm,81 cm,91 cm,97 cm 和 102 cm 的棉花。7660 型采棉机采摘头的动力传动由机械式传动改为液压式传动。

(4)约翰·迪尔 CP690 自走式打包摘棉机

约翰·迪尔 CP690 自走式打包摘棉机(见图 6-6)配备了约翰·迪尔 PowerTechTMPSX、额定功率为 41.8 kW 柴油发动机,并且有 6 个汽缸;配备了约翰·迪尔 ProDriveTM 自动换挡变速箱(AST),驾驶员在行进时按电钮就可以实现平稳变速;地面行驶、机载打包机和采摘头传动都是由静液压泵驱动;适应各种条件下棉田的采摘作业,可在泥泞和有积水的棉田中进行采摘作业。CP690 自走式打包摘棉机配置 Pro-16 采摘头(或选装 Pro-12 VRS 采摘头)。Pro-16 采摘头的前滚筒有 16 根座管,后滚筒有 12 根座管,每根座管有 20 排摘锭(Pro-12 VRS 前后滚筒各有 12 根座管,每根座管有 18 排摘锭)。约翰·迪尔 CP690 自走式打包摘棉机的机载圆形打包机把圆形棉包包裹 3 层,棉包最大直径 2.39 m(直径可调范围 0.91~2.29 m),最大宽度 2.43 m,每包籽棉重 2 041~2 268 kg。圆形棉包改善了雨天防水性能,棉包内部湿度和密度均匀。

图 6-6　约翰·迪尔 CP690 自走式打包摘棉机

(5)凯斯 CottonExpress 620 自走式采棉机

该机型(见图 6-7)发动机采用 6TAA8304 燃油电控,高压共轨,253.5 kW;采棉头为前、后 2 个滚筒,从棉花的两侧进行采摘,以保证更好的采摘效率。针对新疆每大行的棉花都是由 2 个单行组成的实际情况,从两侧对棉花进行采摘可以更好地保证采净率。采棉头滚筒之间的行间隙有 3 种可以选择的尺寸(762 mm、812 mm 或 864 mm),可以满足新疆地区(68 +8) cm、(66 +10) cm 两种种植模式。液压采用静液压无级变速系统。2 个串联的静液压泵共同作用,1 挡为正采速度(0~6.3 km/h),2 挡为复采速度(0~7.7 km/h),3 挡为公路运输速度(0~24.1 km/h),

刹车双踏板,驻车机械结合,电控。同时,带四驱马达,能适应各种状况的棉田。正采时,采棉头的速度与地面速度完全同步。

图 6-7　凯斯 CottonExpress 620 自走式采棉机

(6) 凯斯 ModuleExpress 635 自走打包式采棉机

该机型(见图 6-8)发动机采用 FPT 发动机,9 L 的排量,可以提供 268.3 kW 的强劲动力,给采棉及打模的各个环节提供更加强大的动力。采棉头为前、后 2 个滚筒,从棉花的两侧进行采摘,以保证更好的采摘效率。采棉头滚筒之间的行距有 762 mm,812 mm 和 864 mm 等 3 种,针对新疆地区(68 + 8) cm 或(66 + 10) cm 的种植模式,液压采用静液压无级变速系统,2 个串联的静液压泵共同作用,1 挡为正采速度(0 ~ 6.3 km/h),2 挡为复采速度(0 ~ 7.7 km/h),3 挡为公路运输速度(0 ~ 24.1 km/h),刹车双踏板,驻车机械结合,电控。同时,带四驱马达,能适应各种状况的棉田。正采时采棉头的速度与地面速度同步。

图 6-8　凯斯 ModuleExpress 635 自走打包式采棉机

(7) 贵航平水 4MZ-5 自走式采棉机械

贵航平水 4MZ-5 自走式采棉机(见图 6-9)配备德国道依茨 1015 发动机,具有 6 缸,涡轮增压、水冷,额定功率为 214 kW,符合欧 Ⅱ 标准,最高转速 2 300 r/min,工作转速 2 200 r/min,作业速度 4.5 ~ 5.5 km/h,作业效率 0.67 ~ 1 km²/h;采用德国

CLASS 公司生产的变速箱,3 级变速,1 挡采摘速度可达到 5.93 km/h,2 挡采摘速度可达到 7.63 km/h,道路运输速度可达到 25.5 km/h;采用水平摘锭进行采摘,共有 5 个采棉头,10 个采棉滚筒,每个采棉滚筒上装有 12 根摘锭座管,每根摘锭座管有 18 只摘锭,2 160 只摘锭分 2 级采摘,采棉头呈"一"字排列,清理和保养有较大空间。该机型适应采摘行距为 76 cm,(68 +8) cm 或(66 +10) cm 的种植模式。

图 6-9 贵航平水 4MZ-5 自走式采棉机

6.2.2.2 垂直摘锭式采棉机

垂直摘锭式采棉机的采棉部件主要由垂直摘锭滚筒、扶导器、摘锭、脱棉刷辊及传动机构等组成,如图 6-10 所示。

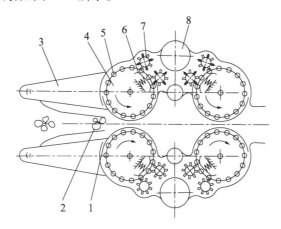

1—工作区摩擦带;2—棉行;3—扶导器;4—采棉滚筒;5—摘锭;

6—脱棉区摩擦带;7—脱棉刷辊;8—输棉风管

图 6-10 垂直摘锭式采棉机采棉部件示意图

每一个采棉工作单体(采收一行棉花所需部件总成)有 4 个滚筒,前后成对排列,通常每个滚筒上有 15 根摘锭,摘锭为圆柱形,直径约 24 mm(长绒棉摘锭直径为 30 mm),摘锭上有 4 排齿。每对滚筒的相邻摘锭呈交错相间排列,摘锭上端有传动皮带槽轮,在采棉室,由外侧固定皮带摩擦传动,摘锭旋转方向与滚筒回转方向相反,摘锭齿迎着棉株转动采棉。在每对滚筒之间留有26～30 mm的工作间距,从而形成采摘区。在脱棉区内,摘锭上端槽轮由内侧固定皮带摩擦传动而使摘锭反转,迫使摘锭上的锭齿抛松籽棉瓣,实现脱棉。其工作过程与水平摘锭式采棉机基本相同,不同的是这种采棉机配置了1个气流式落地棉捡拾器,在采摘的同时将棉铃中落下的籽棉由气流捡拾器拾起,送入另一棉箱。与水平摘锭式采棉机相比,垂直摘锭采棉机摘锭少、结构简单、制造容易、价格低,但采净率低、落地棉多、适应性差、籽棉含杂率高。

6.2.2.3 统收式采棉机

统收式采棉机根据采摘原理不同,现主要介绍刷辊式采棉机和指刷式采棉机两种。两款机型均采用自走式液压底盘,配套柴油发动机动力110 kW,采摘台行幅为3行;主要部件有指刷式采(或刷辊式)摘台、气吸式棉桃分离输送装置、驾驶室、柴油发动机、切线导流气棉分离装置、棉纤抑损高效清杂装置、侧卸式集棉箱、集桃箱、风力输送装置等。

(1)采摘原理

① 刷辊式采棉机。

刷辊式采棉机结构如图6-11所示,刷辊式采棉技术是利用刷辊上辊式板组间距与棉铃外形差将棉花从棉秆上自下而上刷下,实现棉花等行距对行采摘。

图6-11　4MZ-3刷辊式采棉机

刷辊式采棉机采摘台的配置如图6-12所示,主要由分禾器、刷辊板、输棉搅龙等构成。采摘台机架前端安装3对具有锥头的分禾器,其后装有3个并行的采摘头,每个采摘头含有一对倾斜布置在采摘台架上且同速反向旋转的采摘辊。刷辊的前端通过调心轴承座安装在机架前支撑座板上,末端的花键轴头通过花键轴套与动力输入装置的花键轴头连接在一起。刷辊的动力由动力输入装置通过花键轴套传递。

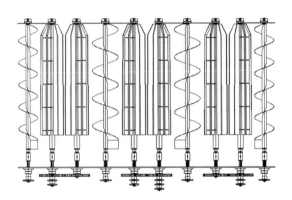

图 6-12　刷辊式采棉机采摘台的配置示意图

　　采棉机作业时,吐絮棉株经采摘台前端分禾器、导棉板的收缩引导,受挤压后进入采摘台内部摘棉区,通过成对布置的反向高速旋转的采摘辊筒上的板组对摘棉区内的棉花进行抽打,使吐絮棉从棉株上脱离;脱下的籽棉与杂质混合物被抛入搅龙内,后通过输棉装置送入机载清杂装置进行清理,清理后的籽棉再送入集棉箱,完成采收作业。刷辊式采棉机具有不增加籽棉含水量,不破坏棉花纤维长度等显著优点。主要技术参数见表 6-2。

表 6-2　刷辊式采棉机主要技术参数

项目	单位	设计值
额定功率	kW	110
额定转速	r/min	2 300
外形尺寸(长×宽×高)	mm	7 800×2 900×3 800
整机质量	kg	7 300
纯工作小时生产率	hm^2/h	0.4～0.6
采摘行数	行	3
工作幅宽	mm	2 280
采摘行驶速度	km/h	1.3～2.2
运输行驶速度	km/h	0～25
最小离地间隙	mm	420
采棉滚筒个数	个	6
适应采摘行距	mm	760
储棉箱总容积	m^3	10～11

　　② 指刷式采棉机。

　　指刷式采棉机如图 6-13 所示,它是利用采摘辊筒上均匀布置的弹指(橡胶棒)

对摘棉区内的棉花进行梳刷抽打,使吐絮棉从棉株上脱离,弹指勾取的籽棉在脱棉盘高速作用下脱离弹指,脱下的籽棉与杂质混合物被抛入搅龙内完成采收。

图6-13 指刷式采棉机

指刷式采棉机的采摘台结构如图6-14所示,主要由分禾器、脱棉辊、指刷式采收辊、输棉搅龙等构成。采摘台机架前端安装3对具有锥头的分禾器,其后装有3个并行的指刷采摘头,采摘头含有一对倾斜布置在采摘台架上的同速反向旋转的左、右采摘辊,左、右指刷辊的侧上方分别对应布置有左、右脱棉辊,左、右脱棉辊与对应的左、右指刷辊交错布置,指刷辊、脱棉辊均为同角度倾斜安装,倾斜角度为30°~40°。指刷辊、脱棉辊的前端通过调心轴承座安装在机架前支撑座板上,末端的花键轴头通过花键轴套与动力输入装置的花键轴头连接在一起。指刷辊、脱棉辊的动力由动力输入装置通过花键轴套传递。脱棉辊的上方安装有导流罩,导流罩和脱棉辊的下方安装有斜输棉搅龙。导流罩位于脱棉辊的上方,在导流罩的入口处安装有毛刷,可防止脱棉辊刷下的籽棉飞出采摘台落入田间,造成不必要的落地损失。图6-15所示为采摘台后视图。

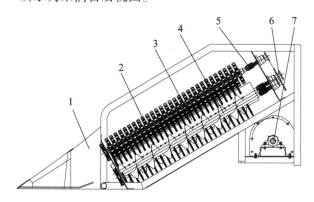

1—分禾器;2—脱棉辊;3—指刷式采收辊;4—纵向搅龙;5—花键套;6—动力输入;7—横向搅龙

图6-14 指刷式采棉机的采摘台结构示意图

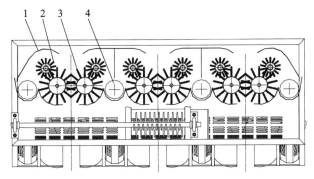

1—导流罩;2—脱棉辊;3—指刷式采收辊;4—纵向搅龙

图 6-15　采摘台后视图

采棉机作业时,随着采棉机的前进,吐絮的棉花植株在分禾器的作用下进入指刷辊的采摘通道,由对反向高速旋转的指刷辊由下向上对棉株进行梳刷抽打,使吐絮棉从棉株上脱离;脱离后的籽棉在脱棉辊及导流罩的作用下落入斜输棉搅龙,再由斜输棉搅龙送入横输棉搅龙,通过横输棉搅龙将籽棉收集聚拢到搅龙中部,在挑棉辊和气吸式棉桃分离输送装置辅助作用下,将籽棉经由输送通道送往清杂装置。指刷式采棉机的采摘方式属于柔性化采摘技术,可有效减少枝杆、铃壳等杂质混入到籽棉中,减轻后续的籽棉预处理机的清杂压力,提升采摘效率,能够适应不同棉区的机采棉等行距、宽窄行距种植模式,包括华北棉区部分垄作种植模式机采收获的要求。其主要技术参数见表6-3。

表 6-3　指刷式采棉机主要技术参数

项目	单位	设计值
额定功率	kW	110
额定转速	r/min	2 300
外形尺寸(长×宽×高)	mm	7 800×2 900×3 800
整机质量	kg	7 400
纯工作小时生产率	hm²/h	0.4~0.6
采摘行数	行	3
工作幅宽	mm	2 280
采摘行驶速度	km/h	1.3~2.2
运输行驶速度	km/h	0~25
最小离地间隙	mm	420
采棉滚筒个数	个	6
适应采摘行距	mm	760,680+80,660+100
储棉箱总容积	m³	10~11

（2）关键部件的机理分析

① 棉桃分离装置。

统收式采棉机通过不同配置的采摘方式将籽棉及棉桃一次性采下,采摘下的棉桃若随籽棉一同进入清杂装置,易造成籽棉染色、湿度加大及增加含杂率等问题。统收式采棉机上增加了棉桃分离装置,既可避免棉桃进入清杂装置,又可回收棉桃。棉桃晾晒后,可放入清杂装置清理获得籽棉,增加棉农收益。

气吸式棉桃分离输送装置如图6-16所示,主要包括离心风机、加速风管、挑棉辊、输送管道和输桃装置等,其主要参数见表6-4。气吸式棉桃分离基于气固两相流理论,利用离心风机产生高速气流,经风力加速管提速后在扩散区形成负压,对籽棉产生强大的吸引力;利用籽棉与棉桃两物料悬浮速度、重力的差异性,达到籽棉与棉桃分离的目的。

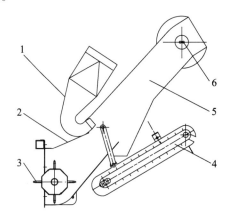

1—风力加速管;2—检修窗;3—挑棉辊;4—带式输桃装置;5—输棉管道;6—采摘台支承

图6-16　气吸式棉桃分离输送装置

表6-4　气吸式棉桃分离装置的参数值

项目	单位	数值
挑棉辊直径	mm	250
挑棉辊线速度	m/s	2～2.2
棉桃提起高度差	mm	>270
风机流量	m³/h	>10 000
籽棉喂入量	kg/s	0.5～0.8

工作时,籽棉与棉桃经挑棉辊挑起后发生松动、扩散与分层;高速风力经风力加速管后形成强大负压,引导物料向负压区运动,悬浮速度低的籽棉加速越过负压区,进入籽棉风力输送装置,悬浮速度高的棉桃经挑棉辊打击沿引桃板向上运动并

在重力作用下进入排桃口。

气吸式棉桃分离装置的仿真分析结果如图 6-17 与图 6-18 所示。气吸式棉桃分离装置内部气流流速较快,同时内部产生的负压大,易实现棉桃分离与籽棉的输送。

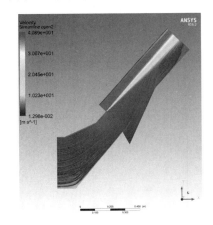
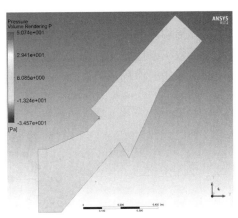

图 6-17　棉桃分离装置气流速度分布　　　　　图 6-18　棉桃分离装置压力分布

② 气棉分离装置。

采摘下的籽棉由切线导流气棉分离装置从风中脱离出来后送入棉箱,切线导流气棉分离技术可排出物料中的风力及细杂,同时可保证物料均匀进入清杂装置。

切线导流气棉分离装置(见图 6-19),利用排梳及通道侧壁(按一定半径)形成切线排布的输棉路径,物料在进入切线导流气棉分离装置后沿上述路径运动至排梳后,气流携带碎叶等细杂从排梳间隙中脱出,经过数组连续设置的排梳后,气流排出殆尽,物料在重力作用下落入清杂装置进行清杂。该装置实现了物料与气流的高效分离,排出气流的同时也清理了大部分细杂,实现了棉桃分离输送装置与清杂装置的平滑过渡,为清杂装置高效运转提供保障。

图 6-19　切线导流气棉分离装置

③ 机载棉纤抑损高效清杂装置。

a. 基本结构及原理。

机载棉纤抑损高效清杂装置如图 6-20 所示,由压棉刷、锯齿辊、排杂棒组件、毛刷组成一个清杂单元。棉杂混合物掉落在锯齿辊上并随锯齿辊逆时针转动,钢丝刷将籽棉均匀的刷附在辊体上,并暴露出杂质;随着辊筒的转动,杂质与排杂棒组件发生数次碰撞并从籽棉中被分离出来,随后毛刷辊将清理完毕的籽棉从锯齿辊上刷下并送入输棉风道。

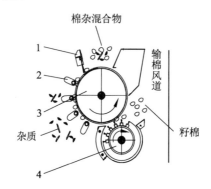

1—压棉刷;2—排杂棒组件;3—锯齿辊;4—刷棉辊

图 6-20　清杂单元

机载棉纤抑损高效清杂装置共包括 3 个清杂单元,在本装置中,通过布置这 3 个单元的相对位置,形成了一次清理、两次回收清理的格局,即锯齿辊 I 承担全部棉杂混合物的第一道清理,而锯齿辊 II、锯齿辊 III 分别处理上一级清理过程中从相应排杂棒组件间隙中掉落的棉杂混合物。

图 6-21 为机载棉纤抑损高效清杂装置,图中 α 为清理辊排杂棒组件中排杂棒对应清理辊中心夹角;β 为回收辊排杂棒 I 组件中排杂棒对应回收辊中心夹角;γ 为回收辊排杂棒 II 组件中排杂棒对应回收辊中心夹角。为了充分利用 3 个清杂单元的清杂能力,从上至下各锯齿辊对应的排杂棒组件间隔角应有从大到小的变化,α,β 和 γ 角之间的关系应为 $\alpha > \beta > \gamma$。

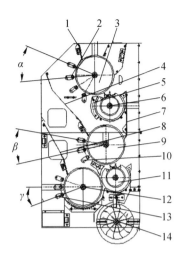

1—压棉刷Ⅰ;2—排杂棒组件Ⅰ;3—锯齿辊Ⅰ;4—淌杂板Ⅰ;5—格栅;6—刷棉辊Ⅰ;
7—风道组件;8—淌杂板Ⅱ;9—锯齿辊Ⅱ;10—排杂棒组件Ⅱ;11—刷棉辊Ⅱ;
12—锯齿辊Ⅲ;13—排杂棒组件Ⅲ;14—风机组件

图 6-21　机载棉纤抑损高效清杂装置

b. 各因素对籽棉含杂率的影响。

锯齿辊线速度和行进速度对籽棉含杂率的影响如图 6-22a 所示。由于行进速度的提升加大了籽棉的喂入量,在辊筒线速度较高时,机载籽棉预处理装置的处理能力强;在辊筒线速度较低时,预处理装置的处理能力弱,而籽棉含杂率随喂入量增加而显著增大。

排杂间距和行进速度对籽棉含杂率的影响如图 6-22b 所示。由于排杂间距加大后籽棉与排杂棒组件的作用概率降低,而排杂间距增大到一定程度后,排杂间距对籽棉与排杂棒组件的作用影响不再变化,这主要因为随喂入量的增加,预处理装置的处理能力却保持不变,部分棉杂未与排杂棒组件充分接触,籽棉含杂率随之增加。

排杂间距和锯齿辊线速度对籽棉含杂率的影响如图 6-22c 所示,排杂间距及辊筒线速度均反映预处理装置的除杂能力,排杂间距及辊筒线速度的增加使预处理装置不能充分处理棉杂,籽棉含杂率随之增加。

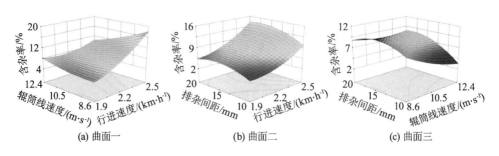

图6-22　两因素交互作用对籽棉含杂率的影响

c. 各因素对清杂损失率的影响。

辊筒线速度和行进速度对清杂损失率的影响,如图6-23a所示。由于辊筒线速度过高,会使棉杂分离不充分,而过低的辊筒线速度又会使籽棉与杂质发生二次缠绕,清杂损失率增大;随着行进速度增加,籽棉喂入量加大,即单位时间内处理籽棉量增加,棉杂来不及分离,部分籽棉随杂质被排出,清杂损失率增大。

排杂间距和行进速度对清杂损失率的影响,如图6-23b所示。由于籽棉在较大排杂间距下与排杂棒组件作用概率下降,造成排杂效果不明显,在较小排杂间距下,杂质与籽棉挤压,同样不利于杂质清理。

排杂间距和辊筒线速度对清杂损失率的影响,如图6-23c所示。因为合适的排杂间距和辊筒线速度使预处理装置充分分离棉杂,而又减少因间距过小或辊筒线速度较小使棉杂堆积造成的籽棉与杂质的二次缠绕,故适当的排杂间距和辊筒线速度有利于减小清杂损失率。

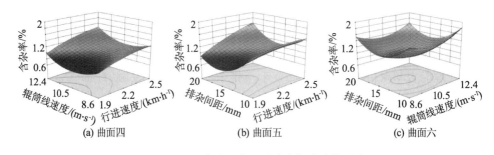

图6-23　两因素交互作用对清杂损失率的影响

d. 机载清杂籽棉气力回收装置。

机载清杂装置对清理后的籽棉通过气力回收装置及时回收到棉箱,在此过程中不应发生堵塞的情况。机载清杂装置中各个出棉口应呈现将棉花快速吸入到通道中,然后通过风力往上输送,最终到达棉箱的状态,提高棉花输送能力,增加回收输棉通道中棉花通畅性,输棉通道风速云图如图6-24所示。

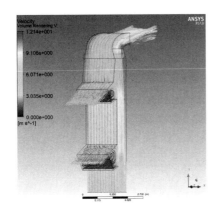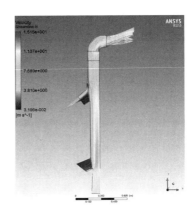

图 6-24 机载棉纤抑损高效清杂装置输棉通道风速云图

④ 侧卸式集棉箱。

统收式轻型采棉机集棉箱结构及卸棉示意图如图 6-25 所示。

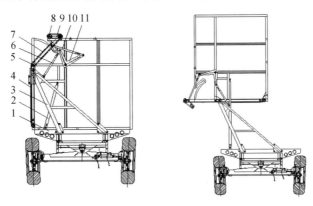

1—底盘架;2—升降油缸;3—支撑悬臂;4—定位输送链;5—转轴;6—连杆;
7—转位输送链;8—液压马达;9—舍门;10—拉杆;11—V 形变向杆

图 6-25 统收式轻型采棉机集棉箱结构及卸棉示意图

卸棉时,升降油缸将集棉箱体向上顶起,通过连杆拉动 V 形变向杆围绕其铰支轴作逆时针转动,并通过拉杆推动转位输送链向开位转动,当升降油缸上升到高位时,转位输送链与定位输送链处于同一水平位置,并压下互锁开关,锁止升降油缸液压源而接通输送链驱动动力源,使输送链带动刮棉板将棉花刮出。此时,集棉箱体的开口端处于垂直位置,浮动门处于浮动状态。当刮棉阻力增大时,浮动门会自动加大开度,反之减小开度,从而使棉花顺利刮出。棉花卸完后,互锁开关断开出棉电源,集棉箱回到起始位置,实现了高位和快速卸棉。

为了增加采棉机工作效率,减少卸棉次数,棉箱增设有搅龙压实机构,如图

6-26 所示。压实机构传动由液压马达带动传动轴箱中主传动轴经锥齿轮传递至两个搅龙压实轴。棉箱搅龙压实机构工作部件主要由两段不同螺径、不同螺距的搅龙及刮板组合而成。

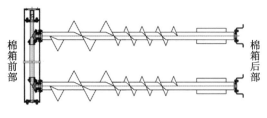

棉箱前部　　　　　　　　　　　　　　棉箱后部

图 6-26　搅龙压实机构

搅龙压实机构工作原理为：籽棉随着搅龙压实机构的旋转不断被向前推进，由于搅龙直径前大后小，使得先进入搅龙内的籽棉向前行进且速度慢慢地降下来，对于堆积在棉箱后部的籽棉由小径搅龙以稳定的输送量向前推送，前段大径搅龙将大量的籽棉推送压缩，变径搅龙阶段性推送、压实效果良好。搅龙压实机构工作过程仿真如图 6-27 所示。籽棉开始进入棉箱时，籽棉颗粒于棉箱底部均匀散落，棉箱后部有部分籽棉堆积，由于籽棉颗粒受到搅龙压实尾部的刮板作用，随籽棉颗粒的增加，籽棉在棉箱后部堆积的现象严重，棉箱前部仅由大径搅龙推送部分箱底部籽棉形成堆积。籽棉颗粒堆积到一定数量时，堆积于棉箱后部的籽棉在压实搅龙的作用下向前推移，棉箱后部的籽棉堆积量减少，棉箱前部的籽棉堆积量显著增加。直至棉箱即将装满时，籽棉承受压实搅龙的推送作用及籽棉颗粒间的挤压作用。

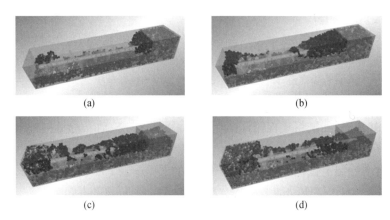

图 6-27　籽棉压缩力着色图

籽棉推送至棉箱前部后，速度逐渐降低直至停止，使得先进入搅龙内的籽棉向前行进的速度慢慢地降下来，而后进入搅龙的籽棉以相对比较快的速度相继而来，形成了籽棉在搅龙内的相互挤压,因此籽棉在搅龙内前进越来越困难,但是搅龙叶片的推进作用却一直连续,使籽棉仍在连续地进入棉箱,就这样前阻后推地使籽棉受到压缩达到棉箱压实效果。

⑤ 自动导航系统。

采棉机作为大型农业采收机械,长时间的机械操作会增加驾驶员的疲劳度、降低收割效率,为了减轻驾驶员的工作负担,提高工作效率,配置具有无人驾驶、自主导航技术系统的采棉机,如图 6-28—图 6-31 所示。

图 6-28 无人驾驶自动导航系统

图 6-29 驾驶室内自动导航操作屏

图 6-30 自动导航系统信号发射基站

图 6-31 无人自动驾驶

配置自动对行操作系统,可以使采棉机的采摘头较准确的对准植棉行,实现作业时自动对行的功能;另外,自动导航控制系统可与自动导航播种机等机具共享,即可将播种机的播种路径直接导入采棉机自动导航控制系统,保证了采收效果。同时,通过切换作业与运输模式,可以在运输与地头转弯时采用人工驾驶,以便更加灵活的完成自动对行与人工驾驶的切换功能。

⑥ 采摘台仿形系统。

采摘台是统收式采棉机进行棉花采收的关键部件,位于整机前端,工作时需要根据棉花生长状况等条件即时调整其采摘高度。统收式采棉机采摘台配有仿形系统,该系统具备手控和自动仿形控制功能。手动控制时,驾驶员可根据田间实际棉花生长状况判断采摘台应离地高度;自动仿形时,该系统可根据棉田实际情况,通过采收的地形数据,实时调整采摘台离地高度,实现采摘台的自动升降,确保采摘效果。

采摘台仿形采用如图 6-32 所示控制系统方案,可通过仿形切换开关控制是否进行采摘台仿形,实现手动与自动仿形的切换;若开启仿形,则仿形控制器采集仿形传感器数据,计算获得当前采摘台高度,并与设置的仿形高度进行对比,计算误差,经过一系列计算分析,确定比例阀的控制量,从而控制采摘台升降油缸动作,实现采摘台升降以进行仿形。

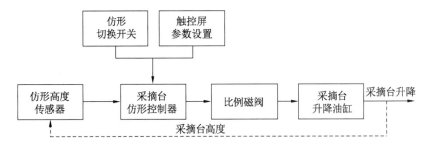

图 6-32　采摘台仿形控制系统框图

采摘台仿形高度传感器是进行采摘台仿形控制的关键部分,其安装于采摘台最前端扶禾器内,通过一组仿形板进行仿形,其转动角度经过一级齿轮传动放大后由角度传感器检测,最终通过控制计算出采摘台的高度,如图 6-33 所示。

(a) 仿形检测装置三维图

(b) 仿形检测传感器安装位置

图 6-33　采摘台仿形检测装置

采摘台进行仿形控制是通过液压系统来实现的,如图 6-34 所示。该液压系统在原有手动采摘台升降控制油路基础上,增加一组电液比例阀进行仿形控制;同时将原有多路换向阀中的一路作为采摘台升降手动与仿形自动控制的切换油路,并增加传感器对该控制手柄进行操作检测,确保该操控手柄仅位于右位时才可进行采摘台仿形,从液压与电控系统两方面保证手动控制具有较高的优先级别,确保采摘台控制的安全可靠。

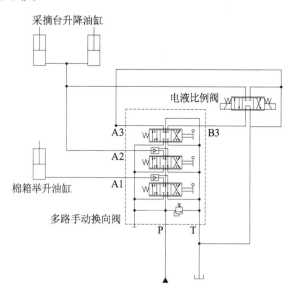

图 6-34　采摘台仿形控制液压油路

由于采摘台结构复杂,整体重量重,在进行采摘台仿形过程中,采摘台频繁地升降调节会引起整机的振动,如若控制不当,易造成对采棉机部件的冲击,影响驾驶,甚至发生倾覆等安全事故。因此,进行统收式采棉机仿形控制,既要保证仿形响应特性,还要保证仿形的平顺,避免较大冲击。

采用 MSC. ADAMS 与 Matlab 对采摘台仿形进行动力学仿真分析,如图 6-35 所示,获得不同仿形控制参数对仿形响应及整机振动的影响。经过分析优化控制参数,确定了较优采摘台仿形控制参数,如图 6-36 所示。图 6-36a 为相同油缸伸长速度下,采摘台高度与油缸所受瞬时功率的关系曲线;图 6-36b 为优化后的采摘台仿形响应特性曲线,经过优化后,采摘台运动更加平稳,冲击振动明显减小,同时可获得较快速的响应特性。

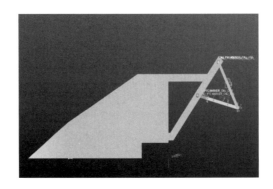

图 6-35　采摘台 ADAMS 仿真简化模型

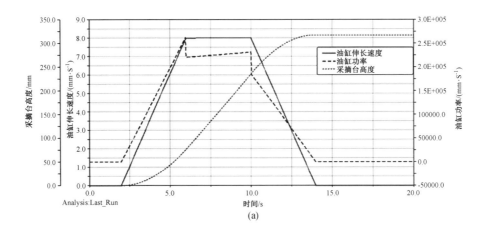

(a)

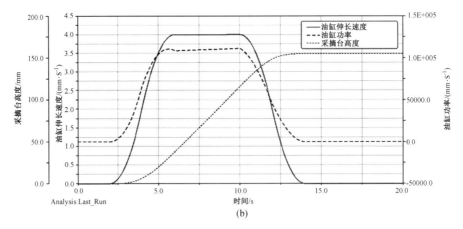

(b)

图 6-36　采摘台仿真分析曲线(部分)

⑦ 智能监控系统。

统收式采棉机具有对关键参数的监控、采摘台的升降仿形的智能化控制系统，智能系统总体结构如图 6-37 所示。

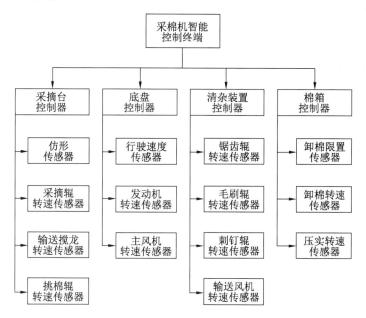

图 6-37　采棉机智能系统总体结构

该系统可随时监测和记录采棉机各关键部件运转情况，为后期各部件的优化设计提供数据支撑；在检测数据发生异常时，可智能报警，及时排除堵塞情况，防止机具损坏；该系统在驾驶室中设有监控触摸屏，驾驶员可根据监控屏的实时显示数据调整操作，保证采棉机的正常运行。所设计的统收式采棉机智能监控系统采用分布式控制，对采摘台、全液压底盘、清杂装置、棉箱等部分实现了关键参数监控，实现了采摘台的自动仿形控制等。

此外，该控制系统还可实现各种传感器信号的采集转换、数据传输等功能，针对控制要求，配置有触摸屏作为统收式采棉机智能监控操作终端和相应的操作交互界面，其部分交互界面如图 6-38 所示。

操作交互界面根据采棉机功能划分，包括主界面、底盘、采摘台、清杂装置及棉箱五大功能区，能够完成采摘台仿形控制参数设置，实时获取行驶速度、采摘辊转速、输送搅龙转速、挑棉辊转速、发动机转速、主风机转速、锯齿辊转速、毛刷辊转速、刺钉辊转速、输送风机转速、卸棉转速、压实搅龙转速等参数。

(a) 主界面

(b) 底盘界面

(c) 仿形界面

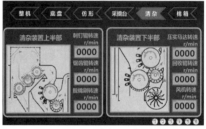

(d) 清杂界面

图6-38　统收式采棉机监控终端交互操作界面(部分)

6.2.3　不同生产模式下收获机械选配

收获机械的选配应因地制宜,研制适合不同地区的机采棉设备,完善与采棉机相配套的机械设备;加快研制适合我国的经济型采摘部件,根据三大棉区不同的种植条件和模式,统收式采棉机可以作为棉花机械化采收装置的补充。国外采棉机的发展趋势主要是水平摘锭滚筒式,采摘头的行数不断增加,在采摘速度和道路运输速度提升的同时,采摘效率和采净率不断提升。配备的发动机额定功率逐步提高,能够保证在各种条件下的全天候作业,实现采棉、打包和运输一体化,减少人工辅助时间,改善工作环境,提高系统可靠性。

与新疆相比,黄河流域棉区和长江中下游棉区的棉花生产全程机械化水平还较低,相关省、市农机部门开始探索适合当地的机采棉种植模式、品种、脱叶剂使用等田间管理技术,对麦后移栽和麦后直播机械化技术进行了对比试验,初步制定了棉花生产机械化技术体系,并积极开展棉花生产全程机械化的试验。由于长江流域和黄、淮海棉区地块都偏小,在机械装备的选用上也就不适宜用大型收获机具,故应该发展两行或三行轻型采棉机及一些轻简化技术装备,同时还应考虑到机采籽棉的储存及运输,采棉机的集棉箱应带有压实装置等。

6.3　棉秆机械化收获技术及其综合利用

6.3.1　棉秆资源的综合利用

棉秆还田为棉花生产创造良好的土壤营养条件。棉区有机肥源不足,但通过长期实行棉花秸秆还田,对提高棉田土壤有效养分和促进棉田生态系统养分的良性循环具有积极的作用。长期实行棉花秸秆还田,对提高土壤有机质含量、品质,保持良好的土壤结构,增加棉田微生物数量、改善微生物种群结构和土壤酶活性也有显著效果。长期棉秆还田能够提高土壤腐殖质含量及改善土壤腐殖质品质,利于土壤良好结构的形成。

6.3.1.1　我国具有丰富的棉秆资源

棉秆是棉花生产过程中的副产物,木质化程度高、韧皮纤维丰富、容积密度和热值高,既是非常好的生物质资源,又是重要的农业可再生资源。我国作为世界上的植棉大国,已经形成长江流域、黄河流域和西北内陆三大棉花主要生产区,带来了储量丰富的秸秆资源。根据国家统计局数据显示,2015 年我国棉花种植面积近380 万公顷,约产棉秆 1 900 万吨,棉秆资源占全国秸秆理论资源量的 3.1%,资源量非常丰富。棉秆既可作为燃料、饲料和有机质还田,又可作为建筑和包装材料等工业原料。根据棉秆炭化技术试验,每吨棉秆原料可产木炭 300 kg、木焦油 24 kg、木醋油 220 kg,据此计算,每 100 万吨棉秆生产总值可以达到 10 亿元。棉秆发电燃烧后的草木灰,还可以作为高品质的钾肥还田使用。按 1 吨棉秆相当于 0.4 立方米林木用于制造纸浆的量计算,若全部利用,每年可节省林木资源 1 200 万立方米。伴随工业技术的发展与进步,棉秆在焚烧发电、造纸、生物利用及板材制造等方面的应用越发广泛。丰富的棉秆资源由传统的焚烧和掩埋转化为有效的利用,将产生巨大的经济效益和社会价值。正确的处理棉秆,可实现供电、供气,有效缓解农村能源紧缺现状,防止由于焚烧秸秆所产生的大量有害气体,改善农民的生活环境。

6.3.1.2　棉秆资源的"五化"利用

深入开展秸秆资源化利用,应大力开展秸秆还田和秸秆肥料化、饲料化、基料化、原料化和能源化(简称"五化")利用。建立健全秸秆收储运体系,降低收储运输成本,加快推进秸秆综合利用的规模化、产业化发展,实现秸秆全量化利用,能从根本上解决秸秆露天焚烧问题。

（1）棉秆的肥料化利用

棉秆还田是补充和平衡土壤养分,改良土壤的有效方法,对于提高资源利用率,节本增效,提高耕地基础地力和农业的可持续发展具有十分重要的作用。通常采取以下办法实行棉秆还田:① 棉秆粉碎直接还田;② 利用高温发酵原理进行棉秆堆沤还田;③ 棉秆养畜,过腹还田;④ 利用催腐剂快速腐熟棉秆还田;⑤ 通过分解棉秆中木质素的微生物,进行堆肥化处理,从而获得一种性能优良的生物肥。

（2）棉秆的饲料化利用

通过青贮、氨化、微贮、压块饲料等技术,既解决了养畜的饲料问题,促进了农村畜牧业的发展,又实现了棉秆的间接还田,促进了生态良性发展。棉秆饲料适口性强,纤维降解率可达 20% ~35%,蛋白质含量增加 50% 以上,并含有多种氨基酸,可代替 40% ~50% 的精饲料,用于饲喂猪、牛等畜禽,效果显著。

（3）棉秆的基料化利用

食用菌栽培已逐渐成为 21 世纪的新型农业,充分利用作物棉秆、籽壳筛选优良菌种,提高转化率和食用菌产量,进行高档食用菌生产,是棉秆综合利用的有效途径之一。利用它作为生产基质发展食用菌,大大增加了生产食用菌的原料来源,降低了生产成本。

（4）棉秆的能源化利用

生物质是仅次于煤炭、石油、天然气的第四大能源,在世界能源总消费量中占14%。棉秆能源转化主要有 2 个主攻方向:一是棉秆发电工程;二是在农业中的开发与应用棉秆气化和沼气工程。建设一套棉秆气化集中供气配套装置,总投资约需 120 万元,每套装置产生的燃气能解决周围半径 1 km 内的 200 ~250 户农民的日常燃料所需。

（5）棉秆的原料化利用

利用棉秆生产高、中密度纤维板制品,用于建筑装修等行业,可大量减少原木材料的使用,创造巨大的经济效益。

6.3.2 棉秆机械化收获技术利用与分析

6.3.2.1 国内外棉秆的主要收获方式

在国外,棉秆的处理方式主要有两种:一是田间粉碎还田。如美国棉花种植区秋季收获后将棉秆粉碎还田,或者将棉秆拔取后再粉碎散落于地表。代表机型有美国棉秆整根拔取收获机,由机架、拔根辊、输送带、粉碎腔体及齿轮减速器组成。机具作业时由拖拉机牵引,经碾压轮连根拔取 2 行棉秆,由输送带将拔取的棉秸秆输送至粉碎腔体,粉碎后抛洒于地表。棉秆粉碎还田是在避免了秸秆焚烧所造成的大气污染的同时还有增肥、增产作用。棉秆还田能增加土壤有机质,改良土壤结构,使土壤疏松,孔隙度增加,容量减轻,促进微生物活力和作物根系的发育,增肥、增产作用显著,一般可增产 5% ~10%。二是收获。如俄罗斯、苏丹、乌兹别克等国家还用棉秆代替木材用于造纸、造板材等,形成了先进、适用和可靠的利用模式。主要采用一次实现棉秆收获、粉碎、打捆的机械化技术,完成棉秆收集和初加工,代表机型为乌兹别克斯坦生产的 KV-3.6A 型和 KV-4A 型机械,行距分别为 60 cm 和 90 cm。整机由机架、挖根铲、栅状导向板、星形喂入轮及锥形齿轮减速器组成。机具作业时由拖拉机牵引,一般收获 4 行棉秆,铺放成条,棉秆晒干后由人工或打捆机打成捆。

棉秆收获劳动强度大,棉农对棉秆收获机械化的要求十分迫切。随着棉秆加工技术的日渐成熟,棉秆收获装备在市场上被大量使用。目前,应用较为广泛的棉秸秆收获装备所采用的收获棉秸秆的原理和方法大致可分为铲切式、滚切式、齿盘式等收获方式。

铲切式棉秆收获机的工作原理是通过铲切部件切断棉秆根系,将棉秆从土壤中铲出,结构如图 6-39 所示。这类收获机具的优点是能够有效地将棉秆从土壤中挖出,缺点是由于工作部件要克服棉根切断阻力、土壤耕作阻力和摩擦力等,机具功率消耗大,而且棉根残留多。

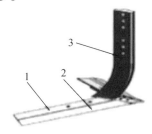

1—铲刀托板;2—铲刀;3—铲刀柱

图 6-39　铲切式棉秆收获机结构

滚切式棉秆收获机的工作原理是通过滚切刀切断棉秆根系或者将其刨出,如图 6-40 所示。这类收获机具的优点是能够迅速地将棉秆从土壤中挖出,并且可以拔出部分棉秆,缺点同样是由于要克服棉根切断阻力、土壤耕作阻力和摩擦力等,机具功率消耗较大。

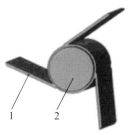

1—滚切刀;2—转轴

图 6-40　滚切式棉秆收获机结构

齿盘式棉秆收获机的工作原理是通过齿盘的转动将棉秆从土壤中拔出,如图

6-41 所示。齿盘式棉秆收获机的优点是机具功率消耗小,缺点是由于受到棉花生长状况(根系和秸秆含水量、根部直径等)、土壤含水量和坚实度等因素的影响,容易出现拔断和漏拔等现象。

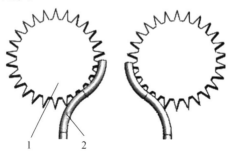

1—齿盘;2—扶禾器

图 6-41 齿盘式棉秆收获机结构

棉秆收获主要采用分段收获,即先将棉秆拔起后放置于田间,再由捡拾打捆机将其捡拾或人工收集,联合收获则比较少,代表机型有 4MG-275 型自走式棉秆联合收割机,4MG-2 型齿盘式拔棉秆机等。国内应用较广的机型是水平齿盘式拔棉秆机。棉秆收获机具的研发方向将结合棉秆综合利用的具体要求,从棉秆收获功耗、收集、打捆、集成方面进行开发,形成具有功耗少、棉秆收集运输方便的新型棉秆联合收获机械。

6.3.2.2 棉秆收获的机理

棉秆根部属于直根系,分为主根和侧根,侧根又生长支根。大部分的根系分布在耕作层内,在土壤养分、水分和土质适宜的情况下,根系生长发达。棉秆机械化收获方式根据工作部件相对棉秆的作业机理不同,可分为棉秆的粉碎还田、剪切收获或者拔除收获。

棉秆的粉碎还田是将田间棉秆粉碎后翻耕入土,腐烂分解,达到大面积培肥地力的目的,这种作业方式效率最高,应用也较为广泛。棉秆的剪切收获是通过割刀的往复切割作用将田间的棉秆切断,收获地表以上的棉秆部分,根茬仍然滞留棉田,这种收获方式效率比较高。棉秆的拔除收获是通过工作部件将棉秆从田间拔除,实现棉秆与土壤的分离。在棉秆的拔除收获过程中,根系要发生断裂,土壤要产生变形,作业过程中还要克服根系与土壤的黏着力和摩擦力等。土壤越黏重,土壤含水量越小,土壤坚实度也越高,棉秆拉拔收获的阻力就越大,且随着位移的增加变化也越大。在松软的土壤中,棉秆从拉拔开始至阻力基本解除所对应的位移可达 140 mm。棉秆的拉拔阻力随棉秆拉拔时的位移而变化,与棉秆根部直径、起拔角度都有一定的关系。

6.3.2.3 棉秆机械化收获方式分析

针对黄河流域棉区的种植特性,研发出不同的棉秆收获装备,分别采用棉秆粉碎集箱收获和棉秆联合收获打捆的方式进行棉秆收获。

（1）棉秆粉碎集箱收获机

① 整机结构及功能参数。

高效棉秆粉碎集箱收获机主要由拔取机构、调直输送机构、铡切送料机构、集料箱及装配机架等组成。棉秆拔取机构、调直输送机构采用前悬挂方式;铡切送料机构通过连接机构固定在拖拉机前端;集料箱置于拖拉机正上方,整机结构如图6-42所示。该机具集成棉秆拔取技术、调直输送技术、切断粉碎技术、风送集箱技术,一次进地可以完成棉秆的整株拔除、调直、切碎、集箱、卸料等工序,将棉秆的分段收获环节集成联合成一个环节,实现棉秆收获的机械一体化功能,主要技术参数和性能指标见表6-9。

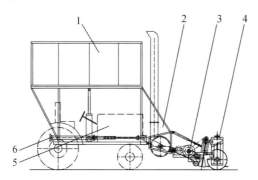

1—集料箱;2—铡切送料机构;3—调直输送机构;4—拔取机构;5—拖拉机;6—动力输出机构

图6-42　高效棉秆收获集箱收获机整机结构图

表6-9　高效棉秆粉碎集箱收获机主要技术参数和性能指标

名称	单位	指标值
收获幅宽	mm	2 000
外形尺寸(长×宽×高)	mm	4 930×1 800×3 400
发动机功率	kW	44.1～51.4
切刀转速	r/min	1 100
作业速度	km/h	3～5
作业效率	hm²/h	0.6～1
棉秆切碎合格长度	mm	40～60
拔净率	%	≥95

名称	单位	指标值
拔断率	%	≤3
棉秆切碎长度合格率	%	≥90

② 工作原理。

机具工作时,拖拉机前进推动棉秆拔取机构的一对传动地轮向前滚动,地轮轴的转动经锥齿轮副带动拔棉秆齿盘相对水平转动,棉秆卡入齿盘,随着齿盘的转动被拔出并向中间集中;再经一对相对转动的拨秆轴拨向输送机构,通过相对转动的上、下喂入辊夹持,沿着升运栅板向后斜上方输送,经两级拨辊输送到切碎滚筒的喂入口,喂入口下方的定刀和旋转刀轴上的切刀将棉秆铡切成 40 ~ 60 mm 的长段;高速旋转的刀轴盘上的叶片及铡切刀所产生的风力将切碎的棉秆通过送料筒向上吹入集料箱;棉秆满箱后,通过操纵液压机构将切碎的棉秆从箱体卸下。

铡切刀轴的动力和棉秆输送的传动是由拖拉机后动力输出轴经链轮先传给向前输送动力的传动杆,通过万向节传到安装在拖拉机前机架上的变向锥齿轮箱,再用双排链轮传动给铡切刀轴;铡切刀轴上安装的皮带轮经中间传动轴再传到集中输送机构的喂入辊轴,上、下喂入辊的相对转动是由一对齿轮变向实现的,喂入辊传给棉秆拨轴的相对转动是由两对锥齿轮变向实现的。拔棉秆齿盘的离地高度通过齿盘上、下调整螺杆调整;棉秆拔取机构和集中输送机构工作时落地,运输和地头转弯时升起,通过操纵液压油缸来实现。

③ 关键技术。

a. 棉秆整秆拔除技术。

棉秆拔取机构的传动地轮向前滚动,地轮轴的转动经锥齿轮副带动拔棉秆齿盘相对水平转动,卡入齿盘的棉秆随着齿盘的转动被拔出并向中间集中,再经一对相对转动的棉秆拨轴拨向输送机构,如图 6-43 所示。采用相对转动的齿盘将棉秆整株拔除,拔除机构行距可调,既能满足机采棉棉花种植 76 cm 等行距要求,又能满足传统(66 + 10)cm 宽窄行距种植。

b. 差速原理。

通过传动装置,按一定速比使被夹持的棉秆与整机前进速度有一个适当的差值,这样夹持器会将棉秆沿水平方向拔出。根据这个原理,机组行走的速度应与齿盘夹持点的相对运动速度差值有一定的工作范围。

c. 棉秆调直输送技术。

棉秆调直输送机构由机架、棉秆拨轮、上下喂入辊、拨辊、升运栅板、传动链轮

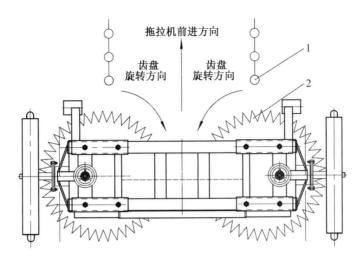

1—棉秆;2—齿盘

图 6-43　拔棉秆机构工作示意图

齿轮、安全防护罩等部件组成,如图 6-44 所示。创新棉秆调直输送喂入,可解决棉秆拔取机构拔取的棉秆杂乱无序、影响输送的问题。经棉秆拔取机构拔取的棉秆,经一对相对转动的棉秆拨轮调直后拨向输送机构,棉秆先由一对相对转动的上、下喂入辊夹持沿升运栅板向后斜上方输送,再经两级拨辊送入切碎滚筒的喂入口。

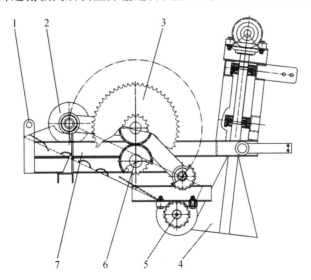

1—机架;2—后拨辊传动装置;3—大链轮;4—棉秆拨轮;

5—上下喂入辊传动装置;6—中拨辊传动装置;7—升运栅板

图 6-44　棉秆调直输送机构

d. 棉秆铡切风送技术。

棉秆铡切送料机构由机架、切碎滚筒、定刀、铡切刀轴、风扇叶片、送料风筒、导流板、传动链轮带轮及提升液压油缸组成,如图 6-45 所示。

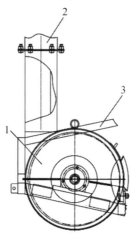

1—切碎滚筒壳体;2—送料风筒;3—机架

图 6-45 棉秆铡切送料机构

铡切装置采用刀盘铡切结构,具有铡切均匀、长短适中、负荷小等特点,秸秆切碎长度≤6 cm;铡切刀具采用了 65Mn 材料并通过了特殊耐磨工艺处理,提高了刀具的使用寿命;棉秆风送装置采用叶轮式棉秆抛送器,功耗低、风力足,抛送距离达 3～6 m,棉秆不易堵塞;在出料口的后壁中间设置导流板,中间部分的秆料没有障碍,持续向上运动,两边的秆料先碰到两侧壁,再在叶片所产生的风力作用下沿着两侧壁向斜上方中间集中,送料筒中形不成交叉,分别碰撞在导流板的两侧壁上,在秆料运动的向上分力和铡切刀所产生的风力的双重作用下,可以很顺利地吹送到集料箱。

棉秆经两级拨辊送入切碎滚筒的喂入口,喂入口下方的定刀和旋转刀轴上的切刀将棉秆铡切成 40～60 mm 的长段,高速旋转的铡切刀轴盘上叶轮片及铡切刀所产生的风力将切碎的棉秆通过送料筒向上吹入集料箱。

（2）自走式棉秆联合收获打捆机

自走式棉秆联合收获机的整机结构主要由拔秆装置、拨禾轮、收获台、切断装置、打捆装置、动力系统等组成,如图 6-46 所示。棉秆拔秆装置将棉秆拔除后,通过螺旋输送器集中至链板输送装置入口处;接着,链板输送装置将棉秆向后输送至切断装置,并且在输送过程中完成对棉秆的清土;随后切断装置将棉秆切断,切断后的棉秆沿溜板输送装置强制到达打捆装置的进料口,打捆机拨叉将棉秆扒到压捆室进行压缩打捆,完成切断后的棉秆打捆作业。主要技术参数和性能指标见表6-10。

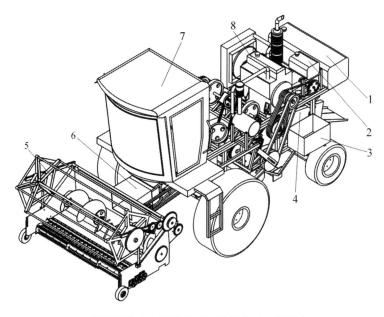

1—拔秆装置;2—拨禾轮;3—收获台;4—驾驶室;
5—变速箱;6—内燃机;7—打捆装置;8—切断装置

图6-46 自走式棉秆联合收获机整机结构图

表6-10 自走式棉秆联合收获机主要技术参数和性能指标

名称	指标值
收获幅宽/mm	2 130
外形尺寸/mm	6 320×2 430×3 250
发动机功率/kW	48
作业速度/(km·h⁻¹)	3～5
主茎切断长度/mm	150～250
棉秆成捆尺寸(长×宽×高)/mm	440×355×(300～1 320)
拔净率/%	≥90
拔断率/%	≤4

6.3.2.4 棉秆机械化收获常见的技术路线

棉秆机械化收获技术是棉秆加工利用技术的前期技术,是后续技术的支持与保证,是形成棉秆资源产业化开发和商品化生产的关键和前提条件。机械化收获是满足这一要求的有效手段,克服了人工收秸秆速度慢、差异大和易污染的缺点,极大地提高了劳动生产率;同时,解决了农民人工收获棉秆劳动强度大的问题,还可取得一定的机械作业收益。目前应用较为广泛的棉秸秆收获装备根据原理和方法大致可分为铲切式、滚切式、提拔式和联合收获式,而铲切、滚切和齿盘式收获棉秆的装备大多都只是将棉秆从地里拔起,然后用捡拾打捆机对拔起的棉秸秆进行收集打包。

棉秆收获技术路线主要有以下3种:

① 棉秆收割机—人工捡拾—捆运。

② 棉秆收割机—捡拾打捆机—运输—压块。

③ 棉秆联合收获机(拔秆、粉碎)—运输—压块。

棉秆的机械化收获减轻了环境污染,改善了土壤质量,能有效减少农民焚烧秸秆的现象,使生态效益有了明显提高;同时,也使植棉产业附加值增大,进一步稳定我国的植棉面积。在濒海盐碱地推广植棉可以实现盐碱改良,有利于改善滨海地区的生态环境,缓解粮棉争地矛盾,保障国家棉花生产安全。

6.4 机械化残膜回收技术

地膜不仅有保温作用,还有护根、防冻、保墒、调节光照、节水、除草及控制土壤盐碱度的作用,地膜覆盖种植技术从20世纪50年代起在欧洲、美国和日本开始使用,目前已在世界上得到广泛应用,我国也在20世纪70年代引进该技术并快速推广。覆膜棉花每公顷可增产300~375 kg,霜前花增加15%~20%,衣分率提高1%~2%,纤维成熟度提高0.08%,因而棉花种植大都采用地膜覆盖。但连年覆膜种植,棉田地膜的低回收甚至不回收造成大量残留地膜累积,严重妨碍田间耕作、破坏耕作层土壤结构、阻碍水肥疏导、危害棉花根系正常发育,影响棉花的质量和产量。相关研究表明,连续覆膜3~5年且不进行残膜回收处理的棉田,将减产10%~23%。

6.4.1 棉田残膜危害及现状

我国的棉田残膜污染随着覆膜种植年限的增加不断加剧,多年覆膜植棉区域大都存在耕层残膜含量过大的问题,由棉田土壤的残膜污染而引发的危害也逐渐表现出来,需引起重视。

6.4.1.1 棉田残膜污染的危害

(1)影响棉田土壤的物理性状,降低棉田肥力

我国的棉田地膜主要是难以降解的聚氯乙烯塑料薄膜,其在土壤中很难被自然分解,自然降解需要的时间为200~400年。试验表明,连续覆膜年数越多,土壤

耕层的地膜残留量越多。残留的地膜会影响棉田土壤中的水、肥、气、热活动,给棉田土壤环境带来严重污染,会破坏棉田土壤的通透性和团粒结构的形成,使棉田土壤上下隔离,形成断层,造成棉田土壤板结,降低棉田土壤的吸水、保水能力,导致有水下不去、有水上不来,使棉田土壤的物理性能得不到充分发挥;会使棉田土壤胶体吸附能力降低,易使有些速效性养分流失;棉田残留地膜还会抑制棉田土壤微生物的活动,使迟效性养分转化率降低,影响施入棉田的有机肥养分的分解和释放,降低肥效。

（2）影响棉花生长发育,造成棉花减产

地膜残留在棉田中,会使棉种不能很好地发芽,种子播到残膜下面,发芽后也长不出来,造成缺苗断条,使棉花减产。由于棉花是深根作物,主要依靠主根、侧根深入土壤吸收水分和营养物质,棉田土壤中残膜的存在,会使棉花根系因为无法穿透地膜而扎不下去,达不到根深蒂固的程度,易遭受灾害,造成棉花减产。棉田连续覆膜的时间越长,地膜残留量越大,对棉花产量影响越大;棉田残留地膜若得不到及时回收,土壤中地膜的残留量会不断增加,造成棉花产量逐年下降。

（3）影响棉花生产的机械化作业

据调查,棉花残膜主要残留在 0～20 cm 的农田浅耕层内,约占总残留量的80%,棉花播种施肥机等机具作业时,这些浅耕层内的残膜会缠绕犁铧、堵塞穴播器,影响棉田农业机械的作业质量;由于棉田土壤中残膜的存在,许多棉株达不到根深蒂固,在雨季遇到大风时易产生倒伏,会影响植保化控等田间管理机具的行走和作业,也不利于后期采棉机的行走和机采作业;机械化采棉时采棉机还常将碎块残膜等杂质一块收起,易缠绕摘锭降低采净率,损坏脱棉盘和其他部件,残留地膜极易堵塞采摘头的输棉管道,影响采棉机采收功效。

（4）残留地膜影响机采棉的质量

机采棉混入籽棉中的残膜容易融化沾附在高温的摘锭上,或随着籽棉清理程序被打成更小的碎片,使机采棉除杂设备在清理加工时很难将残膜清理出去,造成机采棉皮棉中含有残膜碎片,成为机采棉中具有最大危害的杂质。残膜轻薄、透明,发生摩擦时易产生静电等特性,使现有检测方法无法有效清除残膜。在籽清和皮清等多道除杂工序处理过程中,被打成更碎的膜片混入皮棉,造成对皮棉品质的严重影响。纺纱过程中残膜碎片附在成纱中呈束丝状,疵点包卷在线条中或附着在纱条上,使条干不均匀,断头率增加,棉纱的棉结和杂质数增加,造成布料疵点增多、条干不均,直接影响成纱强力和织物外观。由于皮棉中含有的残膜碎片在染色时很难上色,故在染色时会造成染色不均甚至白斑、织物产生疵点、深色产品更明显的质量瑕疵。目前机采棉含有的地膜碎片已成为我国机采棉与进口机采棉在质量上差距的根本因素。

6.4.1.2　棉田残膜污染的现状

对棉田连续覆膜种植棉花2~8年的地块进行土壤中地膜残留情况统计发现,随着覆膜年限的增加,棉田中残膜的数量呈逐年递增趋势。棉田中清理出的残膜若处理不当,会造成二次污染,对棉花生产存在巨大危害。棉农也逐渐意识到了这个问题,多数棉农会通过人工或机械的方式进行残膜捡拾,但是捡拾出来的残膜往往是直接堆积在田间地头,这些残膜会被大风吹散到村庄、绿化带、棉株上造成二次污染,也有些棉农会将收集的棉田残膜集中焚烧,但在焚烧地膜时产生的有害气体会污染空气,影响大气环境质量,并且浪费了残膜资源的可再利用性。有些对残膜危害认识不足的农户甚至会直接将残膜耕翻到土壤深层,这种处理方式使残膜埋得更深,对改善棉花种植的土壤环境治标不治本,还进一步加大了残膜回收的难度,特别是残膜机械化回收的难度。

6.4.2　残膜回收机械化作业技术路线

棉花残膜回收机械化作业技术按照农艺要求和残膜回收的时间不同,主要分2大类,即棉花苗期残膜回收机械化作业技术和棉花收获后残膜回收机械化作业技术。棉花残膜回收主要有人工作业回收和机械化作业回收2种方式。人工残膜回收作业效率低、劳动强度大,随着劳动力成本的不断攀升,已不适应现代农业发展的要求。近几年,随着残膜回收机械化技术不断进步,棉田残膜机械化回收技术已经成为解放农村劳动力、降低棉农劳动强度、有效解决棉花生产中残膜污染问题的一项实用技术,残膜机械化回收也成为棉花生产全程机械化必不可少的配套环节。

我国绝大多数地区是在棉花收获后再进行残膜回收的。棉田残膜机械化回收的技术路线可归结为:起膜—收膜—脱膜—集膜—卸膜。

6.4.2.1　起膜

起膜环节主要是将残膜从地表和一定深度的土壤中托起、翻起根茬、疏松膜上覆土并实现膜、土有效分离,是决定棉田地膜回收效果好坏的重要环节。在这个环节中,可以选择合适的起膜部件,根据土壤硬度、湿度等入土到膜下的适合深度将残膜托起。膜、土的分离会受到土壤含水率的影响,若土壤含水率过高,则不利于膜、土分离。要提高残膜回收率,就要避免在棉田土壤含水率过高时进行残膜回收。为提高棉田残膜的回收率,边膜松土是必不可少的。棉花收获后,棉田残留地膜中被覆土压住的边膜为压在两边土壤中的部分。在棉花覆膜阶段为了使整个地膜固定,需要将两边地膜压入土中,这部分地膜避免了阳光照射与风化,所以棉花收获完成需要地膜回收时,这部分地膜的强度依然很好,抗拉性较强,易于回收。边膜回收的质量,直接影响到机具残膜回收率,要提高边膜回收率,就要实现边膜覆土的松动并使边膜与外侧覆土有效分离,绝大多数残膜回收机为实现这一功能,在膜边覆土位置安装松土铲进行松土。

6.4.2.2 收膜

收膜环节是整个残膜回收技术路线中最为关键的环节,也是决定残膜回收效果的核心环节,残膜回收率的高低很大程度上取决于收膜环节,取决于收膜部件的携带率,故所选择收膜部件要具有较高的携带率。

根据残膜回收机收膜部件是否可直接入土,可将收膜部件分为起收一体式和独立式。起收一体式收膜部件可直接从地面上将膜挑起并进行膜的空间输送,但要求收膜部件能够尽可能多的挑起地膜,且输送过程中不发生地膜的脱落;独立式收膜部件在起膜部件将膜与地面分离以后,携带地膜进行空间转移以进入下一步的收膜工序,在此过程中,同样要求收膜部件能与起膜部件顺利交接地膜,并在输送过程中不会丢失地膜。收膜部件的携带率越高,则残膜回收率越高。

在收膜环节中,由于收膜部件的运动和膜的吸附作用,因此有发生地膜缠绕或夹持在收膜部件的可能,影响机具运行的顺畅性和作业效率,这就要求收膜部件具有合理的运行轨迹,使表面尽可能光滑,并配以合适的脱模机构,从而有效避免地膜与收膜部件发生缠绕。

残膜的回收率与收膜部件紧密相关,所以采用合适的收膜部件是提高残膜回收率的重要途径。下面简要介绍收膜部件及其工作原理。

收膜部件根据结构形式可分为滚筒式、输送链式、搂集式和其他式。

(1)滚筒式收膜部件

滚筒式收膜部件是由滚筒和挑膜齿组成的收膜部件,在滚动旋转过程中,地膜沿着滚筒外径自下而上进行空间转移,达到收膜的目的。目前已有的滚筒式收膜部件形式可分为伸缩杆齿式、凸轮滑道弹齿式、挑膜辊式和卷绕式4种。

(2)输送链式收膜部件

输送链式收膜部件的主体是一对输送链,辅以齿杆、刮板或输送带组成的收膜部件,地膜在输送链的运转下由输送链的一端移动到另一端,完成地膜的空间转移,从而达到收膜目的。目前已有的输送链式收膜部件形式包括刮板输送带式、链齿式和筛链式。

(3)搂集式收膜部件

搂集式收膜部件的主体是按照某种规律排列的一排或几排弹齿,在弹齿与膜相对运动的过程中,将膜钩住并沿着弹齿相对于膜的运动方向进行输送,以此完成收膜动作。目前已有的搂集式收膜部件包括密排弹齿式和搂膜连杆式。

密排弹齿式收膜部件由多排按照一定方式排列的弹齿组成,工作时由拖拉机带动,弹齿入土 $30 \sim 50$ mm,由密排弹齿将地表和浅层的残膜收集成条,如图6-47所示。密排弹齿式收膜部件结构简单,造价低,对于平整地的残膜回收率较高,但生产效率较低,每隔一段时间就需要升起机架进行卸膜,且卸膜有一定困难,需要人工辅助。

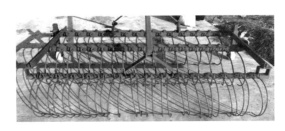

图 6-47　密排弹齿式收膜部件

搂膜连杆式收膜部件由横向排列的弹齿和曲柄摇杆机构组成,工作时,曲柄旋转带动安装在摇杆上的弹齿往复运动,实现连续输送和搂集残膜的动作。搂膜连杆收膜方式解决了搂集式收膜方式经常存在的脱膜困难问题,但对于搂膜弹齿运动轨迹的设计有较高要求,若设计不合理将会发生膜在弹齿顶端缠绕的现象。

(4) 其他形式的收膜部件

除了上述收膜部件以外,还有一些其他形式的收膜部件同样能完成残膜在机具内部的空间位置转移,主要形式有夹持式、气力式、振动筛式和组合式。

6.4.2.3　脱膜

脱膜环节也是残膜回收机械化作业路线中的一个重要环节,如果脱模效果不理想,甚至需要依靠人工进行脱模,势必影响机具的工作效率。为提高残膜回收效率,在进行残膜回收过程中要实现良好的脱模效果,才能够保证机具连续作业,提高作业效率,而保证脱模效果的关键是保证脱模装置工作的可靠性。下面对常用的几种脱模装置和其脱模原理进行介绍。

(1) 耙齿式收膜机脱膜装置

耙齿式残膜回收机包括牵引架、机架、搂膜机构及脱模机构 4 个部分,如图 6-48 所示。脱膜机构与机架相连,脱膜机构由脱膜杆、脱膜连接架、液压装置及脱膜刮板构成;脱膜刮板为三角状折弯平板,脱膜刮板按照脱膜板的轴向顺序安装在脱膜杆上,并且半径相同,满足平行四杆结构;脱膜杆共有 3 排,前密后疏,液压装置的一边与脱膜装置铰接,另一边与整体机架铰接。作业时,将牵引机悬挂装置中央拉杆的后端孔与收膜机中央拉杆连接孔用销轴连接,以调节机具工作时前后的高度,方便拆装及下田工作。机具在前进过程中,3 排除膜耙齿放入土壤,土壤中的残膜把除膜耙齿勾住并挂在除膜耙齿上,从而达到清除土壤中残膜的目的,同时通过两边的液压缸推动残膜连接架,使脱膜杆带动脱膜刮板转动,脱去除膜耙齿上收集到的残膜。

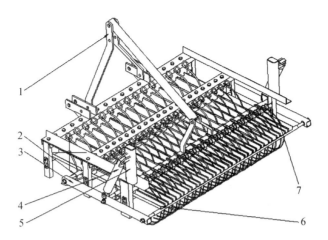

1—牵引架;2—脱模杆;3—脱模连接架;4—液压装置;5—机架;6—脱模刮板;7—搂膜齿

图 6-48 耙齿式残膜回收机结构简图

（2）轮齿式收膜机脱模装置

轮齿式收膜机结构如图 6-49 所示。脱膜滚筒上安装有胶皮材质的脱膜板,工作时其空隙从片状捡膜齿的两端刮过,将勾起的地膜脱下,并甩入集膜筐中;脱膜滚筒安装在捡拾滚筒的上方机架上,表面均匀分布着软毛刷脱膜齿,脱膜齿与指状捡拾齿相互交错配合,两滚筒在转动的过程中将残膜从捡拾齿上脱下;后方的机架上安装有集膜箱,通过液压缸的连杆做前后翻转运动,将收集的残膜倒出;在捡拾滚筒后上方的机架上装着输膜叶轮, 输膜叶轮与集膜箱的进料口相互配合收集残

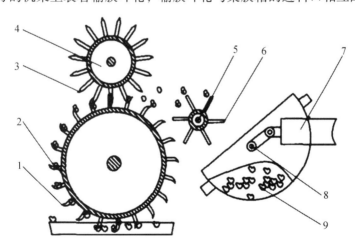

1—指状捡拾齿;2—捡拾滚筒;3—脱膜滚筒;4—脱膜齿;5—输膜叶轮;
6—风扇叶片;7—液压缸;8—连杆;9—集膜箱

图 6-49 轮齿式残膜回收机结构简图

膜,该脱膜装置在脱膜过程中脱膜平稳顺畅,脱膜干净,残留少,脱下的废膜保留也比较完整,基本上实现了捡膜、脱膜、集膜一体化作业流程。

（3）伸缩杆齿式捡拾滚筒收膜机脱膜装置

伸缩杆齿式捡拾滚筒收膜机由伸缩杆、滚筒、偏心滚筒和集膜箱组成,如图6-50所示。作业时,滚筒里的伸缩齿杆随着滚筒的转动扎入地表残膜,并带动残膜沿滚筒圆周方向运动,随着齿杆逐渐缩入滚筒,齿杆与残膜分离,残膜被带到脱膜位置,然后由脱膜叶轮从捡拾滚筒上脱下并抛送到集膜箱中。

图6-50　伸缩杆齿式捡拾滚筒收膜机脱膜装置

脱膜辊是残膜回收的一个重要组成部分,由脱膜板、叶片式脱送滚筒、橡胶板构成,如图6-51所示。工作时,叶片式脱送装置旋转,其转动方向与捡拾滚筒旋转方向可同向亦可反向,脱送装置上安装的叶片式橡胶板与捡拾滚筒脱膜区弹性接触,控制好间隙,保证零件之间互不损伤同时又可以很好地抓取捡拾滚筒上的残膜,使残膜脱离捡拾滚筒表面;脱下的残膜在脱送滚筒和护罩形成的输送空间里被输送到膜箱,极少量没有进入膜箱的残膜随叶片式脱送装置旋转,经过脱膜板后再次进入输送空间,其中脱膜板的作用是防止碎膜卷入皮带与滚筒之间而影响工作。

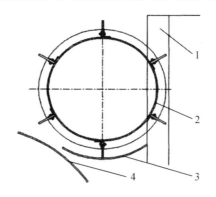

1—膜箱;2—脱送滚筒;3—脱膜板;4—捡拾滚筒

图6-51　脱送膜装置示意图

6.4.2.4 集膜

集膜环节主要是对收集的残膜进行暂时的存放,当集膜装置集满残膜后再卸掉残膜。集膜的方式主要有2种:一是通过卷膜轮卷膜,这种方式只适用于连续性好、破坏程度小的残膜;二是集膜箱集膜,这种集膜方式既可以收集连续的残膜,又可用于收集破损严重、连续性较差的残膜。

目前,我国的大部分棉田使用的地膜实际厚度为0.006~0.008 mm,甚至还有部分更薄的地膜,这些地膜原本强度就差,且棉花的生长期较长,从4月份播种到11月底进行秋后残膜回收前,这些残膜在田间还要经受风吹、日晒、高温、高湿和田间作业(如棉杆拔除作业棉花根茬拔出时对残膜完整性的破坏)等多种因素的影响,在进行残膜回收时,地膜的完整性已遭到破坏,极易被拉断、破损,不适用卷膜轮卷膜的方式进行集膜回收,相比而言,采用集膜箱集膜是棉田残膜回收集膜更为合理的集膜方式。

集膜箱的容积有限,膜杂分离环节就显得格外重要,只有将残漏的茎秆、拔断的根茬、田间的杂草、收膜部件带进的土块等与残膜有效分离,才能够使残膜集膜箱的有效容积增加,避免频繁卸膜造成的残膜回收效率降低和残膜二次污染。

6.4.2.5 卸膜

棉田残膜回收的卸膜环节主要是在集膜满箱后,将残膜从集膜箱集堆倾倒到田间地头或是残膜运输车。这个环节中,大多数的残膜回收机都开始采用自动卸膜来提高工作效率,例如滚刀式秸秆粉碎残膜回收联合作业机,采用了液压翻转膜箱,通过液压油缸推动连杆机构,翻转膜箱以两侧的铰接点为轴心进行翻转,卸完膜后在油缸的作用下将膜箱归位,无须人工辅助,解决了以往卸膜难的问题,同时解决了作业时间和作业成本。

地膜综合利用和污染治理是一项系统工程,影响因素多、涉及方面广、治理难度大,要做好农用地膜污染治理,需要农机、农业等各相关部门的通力协作,需要将停留在理论研究阶段的回收机具实用化,也需要各级政府的政策支持。

第 7 章　棉花机采后的储运与加工

7.1　籽棉储运技术

籽棉的田间运输及储存是棉花收获机械化中一个重要环节。长期以来,棉花的储运大多采用高栅栏运棉拖车、自卸式运棉拖车直接将采棉机采摘的籽棉运回,并堆放在棉花加工厂。机采棉技术形成规模以后,每天有近千吨籽棉集中进厂,远大于轧花机的日处理量,机采棉的储运和加工之间的矛盾随之突显出来。过去,籽棉采用散装运输方式,耗费辅助劳力多、运输效率低下,籽棉集中堆放,占用场地大,储存期过长,且收购时过秤、上垛、人工压实等工作流程费工、费时。轧花厂这种原始的收购、储运方式,必将与高效的棉花机械化采摘产生矛盾。

机采棉采摘时间短,但加工时间长,由于采摘时间集中、机采棉含杂高、回潮率高且不均匀等原因,导致经过长时间存贮等待加工的机采棉在后期发黄变质严重,这就使得机采棉的堆放不能像优质手摘棉那样大垛堆放,否则很容易引起机采棉加工不及时而使棉花出现变色、发霉甚至腐烂。加工厂需定期对机采棉进行翻垛,这在一定程度上降低了加工厂的经济效益。

应用棉模储运体系将采棉机采摘的籽棉卸到棉模箱,在棉模箱压实后直接储存在田间,然后用棉模运输车运到棉花加工厂,这一体系可大幅度提高采棉机和棉花加工厂的生产率,并在保证籽棉品质不下降的前提下实施机械采收和储存,避免了恶劣天气条件下对成熟籽棉的损害,更好地适应加工厂的轧花能力,降低皮棉的生产成本。

7.1.1　棉模存储技术

棉模是一个独立(自由存放)的棉花垛,就是将收获的籽棉倾卸到打模机箱内打成棉模。籽棉打模是为了储存那些收获后不能立即加工的棉花,保证籽棉收获工作继续进行而不影响轧花。在恶劣天气下不能采摘时,轧花厂就可以从储存处取出籽棉加工。在籽棉采摘后、轧花前,采用以棉模的形式存储,对种植者和轧花企业都是有益的,有利于机采棉技术的推广应用。

7.1.1.1 籽棉场地打模机

籽棉场地打模机将籽棉踩压制成重 8 ~ 10 吨的方形棉模(尺寸为 10 m×2.2 m×2.2 m),然后用拖拉机牵引打模机,缓缓向前移动,棉模便脱离出来,最后系好棉模罩,当打模机移去后就形成一个完整的棉模。

（1）适用范围

籽棉打模机主要适用于机采籽棉打模,也可用于手采籽棉打模。

（2）使用注意事项

① 采棉机卸棉时,第 1 次和第 2 次卸棉分别卸在棉模的两端,第 3 次卸棉卸在棉模的中部,然后采用升压实器来回压实籽棉,直到第 3 次卸的籽棉全部被压实一遍后再进行卸棉。

② 打模过程中应在打模机操作台上观察籽棉堆放情况,发现倒入的籽棉不平整时,需要启动籽棉场地打模机液压系统,操作液压控制阀联杆,把踩压头下降到比倒入棉花最高点稍低的位置,切忌不要降下太多,以免损坏油缸。

③ 开启踩压行走马达开始踩压时应注意:踩压头完全提起时才能移动踩压头,否则会损坏液压缸。观察踩压头油缸达到系统压力时,提起踩压头。装料车装棉与籽棉打模机踩棉可同时进行,只要保证装料车装棉时不要碰到踩头即可。

④ 为使棉模在脱模和起模时不受破坏,并防止棉模两端脱落,两头要尽量压实。

⑤ 在非加工期间,将打模机放置好,使踩压装置降到最低处;将车轮部和轮胎上升至顶端,把后门关好锁死;对链条做防锈处理;将蓄电池和钥匙带走以防丢失;用防雨布盖好操作台和发动机。

7.1.1.2 采棉打包一体机

现行机采棉收运流程涉及收获机采棉、籽棉转运、籽棉打模、棉模运输等作业工序。由于增加了打模工序,相应增加了采棉机卸棉、籽棉转运车装棉的籽棉装卸工序,从而形成流程冗余浪费、装卸损失浪费等。因此,采用带籽棉打模功能的采棉机不再需要专用运输车、打模机、拖拉机和相应的操作人员。

（1）方模采棉打模一体机

方模采棉打模一体机棉舱设计是集压实打模和成模一体的舱式设计,棉模的尺寸为 1.8 m×2.1 m×4.9 m,其质量为 1 450 ~ 4 500 kg,这与现在标准专用的棉花打模机打出的棉模具有相同的高和宽,只是长度为其一半,生产者可以使用小块的、可再次利用的罩布来覆盖棉垛。

方模采棉打模一体机能有效提高采棉机的自身效率,如减少作业次数、降低田间的采摘管理费用及形成棉模后运输成本等。由于棉模是将籽棉压缩成模,所以运输费用中少了地面装卸费用这一项,同时压缩后的棉模缓解了对加工厂棉花堆放场地的要求,也减少了对籽棉运输设备的需求。方模采棉打模机的棉模可以直接运送到棉花加工流水线上,不需要任何中间环节,从而降低了相关的运输费、人员的管理费和设备的维护费等。

(2)圆模采棉打包一体机

圆模采棉打包一体机是由一台采棉机和一台机载的圆形棉花打包机组成的,既实现了机械收获棉花和机载打模一次完成,也实现了连续不间断地田间采棉作业。

与传统的方形棉模相比,圆形棉模改善了雨天的防水性能,具有抗风、运输过程中不易破损、形状大小一致、棉模内部湿度和密度均匀、运输和存放灵活方便等特点。圆形棉模的高强度打包膜从田间到轧花厂的过程中,很好地保护了棉花纤维和棉花种子,减少了在田间和轧花厂存放场地上的籽棉损失;而且圆形棉模与地面接触面积小,对存放场地没有特殊要求,也为轧花厂提供了籽棉拉运和存放的灵活性和方便性,并提高了轧花加工线的加工效率。全包裹的圆形棉模从田间到轧花厂的场院、轧花加工线始终能保持籽棉的干燥,紧凑的圆形棉模帮助轧花厂减少了棉花等级的降低,因此棉花烘干需求的炉温低、时间短。此外,由于圆柱形棉模里的籽棉静电减少,所以在轧花加工线上喂入来自圆形棉花包的籽棉时,要比喂入来自方形棉模的籽棉更容易,提高了加工线的加工效率。

采用"打包采棉机采收 + 棉包运输"流程,不仅能够解决棉花机采后在地头受二次污染的难题,而且能够解决机采棉采后地头堆花、人工看护、防火防盗、防"三丝特杂"等问题,提高了棉花品质,与"箱式采棉机采收 + 棉模运输"流程相比,采收损失更少、收运成本更低、效率更高。

7.1.1.3 棉模储存管理

为避免对棉花品质的影响和降低棉花的价值,棉模及设备必须仔细管理。

(1)籽棉打模要求

在收获时,如果籽棉的水分较低且被仔细地贮存,那么损失将可降低到最小。棉花过度疯长和后期复生(脱叶后),可使机械采收时籽棉中绿叶类杂质含量过高。因此,好的脱叶措施对于籽棉贮存是十分必要的。籽棉水分过高可导致棉模发热并可能产生点污棉,而绿叶类杂质含量过高可使籽棉水分增加,故籽棉回潮率保持在12%以下,既可贮存籽棉,又不会导致皮棉和种子退化。

(2)棉模堆放条件及管理

当棉模被压制完成后,应用高质量的防雨布覆盖好籽棉垛。棉模的顶部应呈面包状,覆盖布后防雨效果较好,且防塌陷集水。

合成纤维制成的覆盖布覆盖棉模易形成冷凝水,棉模覆盖布应允许水蒸气逸出,这样可尽量减少在棉模中形成冷凝水。为避免棉垛松塌,保证覆盖布与棉垛成一整体,必须使用系绳固定棉垛。如果一个棉模存放在干燥的位置并可靠覆盖,它就不再需要额外的保护,仅需持续监测即可。

棉模放置的场地要选在排水情况较好的地头或田间道路,为便于排水,最好中间高、两边低;为防止籽棉霉烂,不要将棉模置于水中或潮湿的地面上;在雨量较多的植棉地区,棉垛停放应南北朝向,这样在雨后可使棉垛更快地散失水分;尽量远离交通繁忙的高速公路及其他有可能造成火灾的地点,选择没有沙土、茎秆或杂草等平整坚实一致的地表存放,且要求顶部没有障碍物,如高压电线等。存放籽棉棉模的地尖剖面图如图7-1所示。

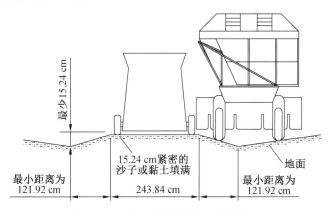

图7-1 存放籽棉棉模的地头剖面图

7.1.1.4 打模技术特点及优势

在推广棉模技术之前,籽棉通常存储在拖车上。拖车存储量有限,当拖车已经存满籽棉时,经常延误籽棉收获。籽棉存储在棉模中,有助于延长轧花季节,增加轧花时间,减少因停机而造成的影响。

按正确方式建好的棉模,能经受住恶劣天气的考验,减少储存、装卸与运输时的损耗。相对于籽棉散放,采用棉模堆放可降低场地占用及人力消耗,方便企业科学安排生产。成模籽棉与外界接触面积增大,有利于空气流通和水分挥发,籽棉回潮率与外界相对湿度达到平衡的时间短。另外,棉模可以很容易地采用塑料毡布覆盖,减少雨雪对籽棉的损害,还可以防尘,也减少了为了烘干籽棉吸收的水分而消耗的燃料费用。

相对于籽棉散放,无论是方形棉模还是圆柱形棉模模式,均极大程度地降低了场地占用及人力消耗,也更方便企业根据情况安排生产。同时,棉模较之籽棉散放,在移动、运输上更加方便、快捷。另外,由于形成棉模后,籽棉与外界接触面积增大,空气流通和水分挥发效果比较好,便于籽棉回潮率与外界相对湿度形成平衡。回潮率为11%以下的籽棉,经过打模可存放1~2个月,棉模不会有霉变现象。

总体来说,机采棉经过打模、存储、开模,有效地解决了机采棉存放、加工环节的难题。

7.1.2 棉模搬运技术

收获后,籽棉的装卸和拉运 2 个环节也至关重要。当棉模装满后,需要移动到新的卸花地点过程中,采棉机不应该停止工作等待卸棉或采棉机不应该专程行驶 180 m 以上的路程去卸棉,从而影响收获效率。目前,籽棉搬运过程主要以小四轮拖车和中马力牵引的拖车为主,存在机械化水平低、运输效率不高、耗用人工较多等问题。

7.1.2.1 方形棉模运输

（1）棉模运输车类型

棉模运输车是一种集籽棉自动装卸、运输于一体的农业田间储运设备,主要包括以下几种类型:

① 棉模运输卡车。将相应配件以专有技术装配到符合要求的卡车底盘上,主要适用于棉模的自动装卸运输。一个棉模运输车可代替 50 台(单台载量 10 包皮棉)籽棉拖车,具有操作方便、使用简单等优势,是最适合的棉模搬运方式。

② 牵引式棉模拖车。由拖拉机牵引并提供动力,其操作要求高并且灵活性差。籽棉运模车负责将打成的棉模运到棉花加工厂进行加工或临时贮存,是集装模、运模、卸模于一体的自动化运输车辆。

③ 其他专用装载装置。如平板卡车或拖车。打模完成后,利用叉车夹起棉模并将其举升放置在上平板卡车或拖车上;叉车也可以从卡车或拖车上卸载棉模,并将棉模从轧花厂籽棉货场移动到棉模进料器平台上。各种类型的卡车、高速公路拖拉机拖车和农用拖拉机拖车,均可用来在公路上运输棉模。

（2）棉模运输车使用注意事项

① 棉模运输车应停在卸棉篷布中间,采棉机卸棉时应防止棉花卸到地面,尽可能不将棉花卸到地头、地边,以免地膜和杂质混入棉花。地头如需卸花,则必须把地头卸花场地打扫干净并铺上篷布并及时运走。

② 运花机车驾驶员必须对装入车内的棉花负责,严禁棉桃、杂物、人为掺入沙与水进入运棉箱,发现运棉车内混有棉桃、杂物的,由运棉机车负全部责任。运棉机车必须服从单位的统一指挥、调度,做到相互配合,协调一致,以确保采收质量及工作效率,必要时可配备随机人员做好采棉机卸花等辅助服务工作。

7.1.2.2 圆形棉模运输

圆形棉模运输可采用普通运输车辆。运输时,首先使用拖拉机后置式叉车在田间将圆形棉模分段运输,再使用标准的方形棉模运输卡车或平板卡车将圆形棉模运走。一辆标准的方形棉模运输卡车每次可以装运 4 个圆形棉模,长 14.64 m 的平板卡车一次可以装载 6 个圆形棉模,16.17 m 的平板卡车一次可以装载 7 个圆形棉模。

7.1.3 籽棉存储、搬运设备的结构与原理

7.1.3.1 工艺流程简介

经采棉机采摘的机采棉由运转车或采棉机直接倒入打模机内,完成打模后,由牵引动力拉动打模车进行脱模。根据加工厂的需要,由装载机将棉模装入拉模的运模车内运至轧花厂,然后利用双向移动开膜机或单向移动开膜机对棉模进行开松,并均匀喂入轧花生产线。杂质则由排杂绞龙排除,集中收集。

籽棉打模机打模工艺流程图如图 7-2 所示。

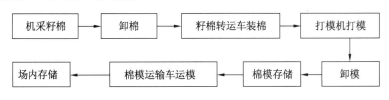

图 7-2 籽棉打模机打模工艺流程图

采摘打包一体机打模工艺流程图如图 7-3 所示。

图 7-3 采摘打包一体机打模工艺流程图

籽棉打模系统成套设备分为籽棉打模机、籽棉运模车等,下面对几种主要设备作简要叙述。

7.1.3.2 籽棉打模机

籽棉打模机就是将手摘棉或机采棉由装料车倒进打模机箱体中,依靠液压系统把籽棉压缩成具有一定规则形状的模块,压缩后成形的棉模便于存放和输送。现以 6MDZ–10 籽棉打模机为例,介绍籽棉打模机的结构、原理及主要参数。

（1）籽棉打模机的结构

籽棉打模机由液压动力泵站、液压阀和柴油机控制平台、棉箱部分、后门部分、轮子提升部分、踩压部分、踩头水平行走部分等组成,如图 7-4 所示。

液压动力泵站由柴油机、双联泵、油箱、油管、多路阀、柴油机控制部分等组成。

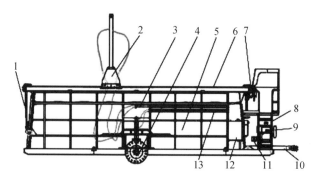

1—后门启闭油缸;2—踩压部件;3—踩压缸油管;4—牵引行走轮;5—箱体;
6—踩头水平行走链和导轨;7—踩头行走马达;8—扶梯;9—柴油机;10—牵引架;
11—双联泵;12—油箱;13—箱体升降缸油管

图7-4　籽棉打模机结构简图

（2）籽棉场地打模机工作原理

籽棉场地打模机的工作过程可分为装模、打模、脱模3个步骤。

①装模:后门关闭,箱体降至与地面接触,将籽棉从箱体上部倒入至装满棉箱。

②打模:首先把籽棉打模机停放在棉田地头整理出来的空地上,其周围要留出装料车能行走的空间,通过籽棉打模机行走轮升降机把箱体降下来,使其接触到地面。然后将盛满籽棉的装料车移动到打模机附近的合适位置,操作装料车翻斗油缸,将籽棉倒入打模机箱体中,被压实的籽棉达到籽棉打模机梯形箱体的上口时必须停止打模。

③脱模:提前准备好棉模罩,等棉模打好后,通过打模机行走轮升降机把箱体升起,将棉模罩两角分别系在后门上;然后启动液压系统把后门打开,开动拖拉机牵引打模机缓缓向前移动,棉模便露了出来;同时将棉模罩系在另一端棉模上,一个完整的棉模便形成了。

（3）主要技术参数

籽棉场地打模机主要适用于手摘棉和机采棉的打模成型,可实现籽棉的现代化储存和机械化运输、自动喂入,其主要技术参数见表7-1。

表7-1　籽棉场地打模机主要技术参数

参数	单位	数值
打模效率	模/小时	2
棉模外形尺寸	mm	2 134×2 287×9 754

续表

参数	单位	数值
棉模质量	t	10
棉模密度	kg/m³	180
液压	MPa	16
配套动力	kW	32(SL3100ABG)
籽棉台时处理量	kg/h	≤3

籽棉打模机需配备50马力以上的拖拉机,拖拉机的牵引机构能够自动升降。

7.1.3.3　圆模采棉打包一体机

（1）采棉打包一体机的结构

采棉打包一体机主要由采摘台、气流输送装置、清杂装置、结块消除器（亦称为展平装置）及打包室等组成。其中,打包室包括辊及环形挠性带、张紧臂装置、包装装置（包括切割装置、传感器及导向装置）,如图7-5所示。

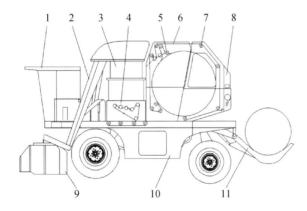

1—驾驶室;2—气流输送装置;3—清杂装置;4—展平装置;5—张紧臂装置;6—环形挠性带;
7—打包辊;8—包装装置;9—采摘台;10—底盘;11—棉包托架

图7-5　采摘打包一体机简图

（2）采棉打包一体机工作原理

采棉机工作时,通过采摘台将棉花采摘后清杂,然后经风力作用,使棉花通过风管到达集棉箱;集棉箱内的棉花达到一定量时,集棉箱传感器发出信号,集棉箱中的输送装置开始工作,将棉花经展平装置压缩成均匀的棉花流后铺放到输送带上;打包机输送带将棉花送入打包机内部的成型室;棉花进入成型室后,在皮带和链条转动作用下,先形成一个棉芯,随着越来越多的籽棉进入成型室,在持续旋转和挤压作用下,逐渐形成圆形棉包;当棉包的直径增大至成型室最大直径时,打包机传感器发出信号,包装装置自动开始工作。由于内缠绕成型室体积是可变的,也可以当棉包的直径小于成型室最大直径时,按下棉包包装装置控制器,包装装置开始工作。包装完成后,再按下棉包输出控制器,打包机后室门开启,棉包从打包机内沿棉包托架滑出,放置于田间,这样即完成一次完整的打包成型和卸包过程。

（3）主要技术参数

额定功率:418 kW。

棉包尺寸:最大直径可达 0.91~2.29 m,宽度 2.43 m。

棉包质量:2 039~2 256 kg。

7.1.3.4　籽棉运模车

棉模装运车是将压模机压成的棉垛由田间运回棉花加工厂,由液压自动控制装卸部件,底部有带齿的输送链,底部倾斜后推向棉垛,将棉模输送到车内。该压模机由拖拉机牵引,液压马达和油缸用拖拉机的液压输出作为动力。

（1）籽棉运模车的结构

籽棉运模车装卸棉模的全过程均由液压系统控制,主要分为棉模自动装卸系统和车架升举系统两部分。籽棉运模车结构简图如图 7-6 所示。

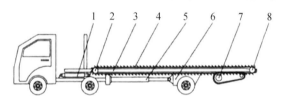

1—举升缸;2—棉模提升马达;3—车架;4—抓模链条;
5—伸缩缸;6—后桥;7—履带行走马达;8—起模链条

图 7-6　籽棉运模车结构简图

（2）籽棉运模车工作原理

棉模运输车工作过程主要包括装模、运模、卸模 3 个步骤。

① 装模:将籽棉运模车移动到棉模附近,使籽棉运模车中心与打好的棉模在同一轴向中心线上,将籽棉运模车双后桥自锁机构松开,开启后桥总成移动油缸,使后桥总成前移;然后开启车体倾斜油缸,使运模车提升部倾斜至运模车后端链轮距地面25.4~38.1 mm时,停止倾斜油缸的动作;随后开启提升部、行走部液压马达,并注意观察棉模的上升状况,防止跑偏和散模现象的发生,使车架后部的起模链轮的钩齿与棉模前底部接触;启动棉模自动装卸系统,履带行走轮控制整车后移的同时,棉模提升马达控制车架上安装的多组带钩齿的抓模链条沿车架移动的反方向转动,车架后移速度与链条提升速度在水平方向上的分速度大小相等、方向相反,实现车架与抓模链条的同步反向动作,达到提升棉模并防止棉模开裂的目的。

当棉模完全移动到籽棉运模车上时,停止提升部和行走部液压马达的运行,操作移动液压缸,使其带动双后桥总成移到原位,自动锁紧机构将其锁紧;同时,倾斜液压缸回缩,待车体放平后,停止液压系统的操作及自备内燃机的运转,整个装模过程完成。工作过程如图 7-7 所示。

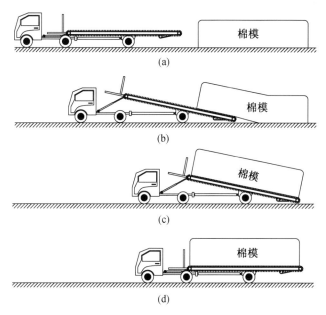

图 7-7　运模车装模工作过程

② 运模:运模时注意观察路况,尽量避免弯道;行驶期间谨慎驾驶,时速不能超过 30 km/h;拐弯时减速慢行,防止翻车;允许最大坡度不超过 30°,上下坡时不宜停车或换挡。

③ 卸模:将棉模卸到棉模输送机上时,籽棉运模车移动到距棉模输送机 50 mm 处且平面接头高度一致,然后停止并锁定籽棉运模车;调整籽棉运模车内燃机转速和棉模输送机的调速电机转速,使二者运动速度相匹配,将棉模自动平缓地转移到输送机上。将棉模卸到开模机地面轨道中间时,籽棉运模车移动到地面轨道中间合适位置,启动系统处于空挡位置,然后启动自备内燃机,人工将双后桥自锁机构松开并将棉模缓缓卸下。当棉模完全卸下后,停止所有液压马达的转动,操作相关液压缸,将车体放平,锁紧双后桥自锁机构,卸模完毕。卸模过程与装模过程相似,只是履带行走轮和抓模链条均为反方向运动。

（3）主要技术参数

运模车主要技术参数见表 7-2。

表7-2　运模车主要技术参数

参数	单位	数值
最大运行速度	km/h	≤50
液压系统压力	MPa	≤16
最大装载量	t	11
配备动力	kW	22
外形尺寸	mm	10 884 × 1 499 × 2 381
整机质量	t	14

运模车运送量为1个棉模/1.5小时(依据距离远近有变化),且需配备能够牵引20 t以上质量的汽车头。

7.2　籽棉加工技术

通过人工或机械从棉株上采摘时,棉纤维还没有与棉籽分离的是"籽棉"。把籽棉进行轧花,脱离了棉籽的棉纤维称为"皮棉"。而一般意义上说的棉花就是指皮棉。籽棉加工包括籽棉预处理及后期的轧花、剥绒、下脚料清理回收、打包等。在籽棉加工工艺流程中,籽棉预处理是籽棉加工环节关键头道工序,也是本书重点介绍的内容;而后期的轧花等技术相对成熟,不在本书介绍之列。籽棉经过机械化采摘后,常伴有含量不等的杂质,包括棉桃、铃壳、枝杆、棉叶及异性纤维等。在籽棉清理加工过程中,坚持"上道工序为下道工序服务"的原则,按照"大杂先清,小杂后理"的清理顺序,有利于提高除杂效能,减少新生杂质的产生。

7.2.1　籽棉加工工艺流程

机采籽棉的含杂及含水特性决定了机采籽棉加工工艺及配套设备以籽棉的清理和烘干为主。烘干的目的在于降低叶片类杂质的含水率,减少杂质与棉纤维之间的附着力,提高棉纤维的弹性,利于清除杂质。

(1)机采籽棉的含杂及含水特性

据测定,常规手工采收的籽棉含杂率在1%左右,含水率在8%～9%,杂质是以棉叶、尘土为主。在清理加工过程中,仅需两道籽棉清理工艺(沉降式重杂清理和刺钉滚筒籽棉清理)即可付轧,轧制的皮棉一般经一道锯齿皮棉清理直接输送至皮棉打包工序,从而完成整个清理加工过程。

水平摘锭式采棉机采收的籽棉含杂率为6%～9%,高的可达12%,杂质种类以棉叶最多,且含有铃壳、枝杆、僵桃、僵瓣、土块等。采棉机采收部件采用水平摘锭滚筒,采收过程中需淋注清洗液清洗摘锭,机采籽棉含水率一般较手工采收籽棉高1%~2%。

统收式采棉机采收的籽棉含杂率为8%~11%,高的可达16%,杂质种类多以铃壳为主,且含有枝杆、僵桃、僵瓣、棉叶等。统收式采棉机包括指杆式(或梳齿式)采棉机、指刷式采棉机和刷辊式采棉机,由于每种机型采摘方式不同,经过采摘台采收后的籽棉含杂率从16%到25%不等。因此,机采籽棉在进入集棉箱前满足,需设有机载籽棉预处理设备,以达到统收式机采籽棉进入机采籽棉加工生产线的含杂率要求。同时,由于统收式采棉机采收过程中不需要加注清洗液,因此,其机采籽棉与手工采收籽棉的含水率基本保持不变,棉纤维具有较好的弹性。

总之,不同的采摘方式,其籽棉含杂率、含水率差异性较大,见表7-3。因此,机采籽棉的清理加工需结合采收籽棉含杂、含水等特性,在保证皮棉质量的前提下,尽量减少清理环节,规范籽棉清理加工工艺流程。

表7-3 不同的采摘方式籽棉含杂率、含水率对照表

采摘 方式	棉桃重杂类/ %	枝杆大杂类/ %	铃壳中杂类/ %	棉叶细杂类/ %	总含杂率/ %	含水率/ %
人工快采	0	0	1~1.2	2~3	3~5	8~9
选收式	0	1.0~2.5	1.2~3	3~4.5	6~10	10~11
统收式	1~1.5	2.0~3.0	2~5	1.0~2.0	6~11	8~9

（2）机采籽棉清理加工工艺流程

清理设备与轧花、打包等设备配套,组成棉花加工生产线,工艺流程分为7个系统,按流程的顺序依次是:籽棉喂入系统→一级籽棉烘干清理系统→二级籽棉烘干清理系统→输棉及轧花系统→皮棉清理系统→集棉和加湿系统→打包和棉包输送系统。配套设备为:外吸棉管道→定网式籽棉分离器→籽棉喂料控制箱→重杂沉积器→一级籽棉烘干塔→一级倾斜六辊籽棉清理机→提净式籽棉清理机→二级籽棉烘干→二级倾斜六辊籽棉清理机→带回收装置的倾斜六辊籽棉清理机→输棉及溢流棉处理装置→锯齿轧花机→气流式皮棉清理机→锯齿皮棉清理机→集棉机→带加湿装置的皮棉滑道→打包机→棉包称重及输送装置。

近年来,随着机采棉的不断深入推广及棉花加工工艺的改进,针对水平摘锭式机采籽棉,形成了一套"四道籽清和两次烘干"相对成熟的籽棉预处理加工工艺技术路线,对应的主要加工设备如图7-8所示。

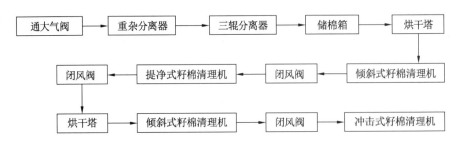

图7-8 适应水平摘锭式机采模式的籽棉预处理工艺流程图

统收式采棉机机械化采收时,往往会把青铃、半开的棉桃、铃壳、籽棉、未脱落的棉叶,还会夹些断裂的棉秆等一并收获,采摘台采摘后籽棉含杂率15%~25%,经机载籽棉预处理后,籽棉含杂率能降至6%~11%。统收式机采籽棉含杂率相对较高,经过机载籽棉初级清理,往往能够把大部分的铃壳及枝杆清理,再经过场地的籽棉预处理装置,能够清理残留大部分的铃壳及枝杆,少量的碎叶则由提净式籽棉清理机和冲击式籽棉清理机等两道清理设备完成,满足轧花工艺条件。统收式机采籽棉预处理工艺流程如图7-9所示。

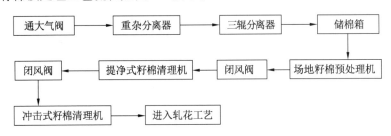

图7-9 适应统收式机采模式的籽棉预处理工艺流程图

7.2.2 籽棉加工设备

籽棉加工设备包括籽棉重杂物分离器、籽棉干燥机、籽棉加湿机、籽棉清理机(提净式籽棉清理机、倾斜式籽棉清理机、倾斜回收式籽棉清理机等)、场地籽棉预处理机、三丝清理机等。国内现有籽棉杂质清理设备按机构作用原理大体可分为3类:气流式、提净式与冲击式,见表7-4。

表7-4 籽棉杂质清理设备

类别	原理	应用	除杂范围
气流式	利用杂质与籽棉在尺寸大小、质量及空气动力学特性上的差异	漏斗式重杂物沉积器、叉管式重杂物沉积器	质量较大、惯性较大的杂质

续表

类别	原理	应用	除杂范围
提净式	利用杂质与籽棉尺寸大小、勾拉特性、弹性、硬度等方面的差异	除大杂提净式籽清机、提净式籽棉清理机	铃壳、枝杆等
冲击式	冲击和打击的清杂原理	齿钉辊筒式籽清机、冲击式籽清机	叶屑、尘土等

本书中重点阐述与机械化采棉技术配套使用的场地籽棉预处理机和三丝清理机,解决机采籽棉含杂率高及目前棉花加工企业普遍存在籽棉中"三丝"清理难等问题。

采棉机无论是进口机型,还是国产机型,其机采后籽棉含杂率大多在6%以上,这与棉花品种、种植模式、吐絮率、脱叶率、机手操作熟练程度、机具可靠性等多因素的作业条件有关。因此,在棉花加工企业清理加工之前,往往需要对机采籽棉进行预处理,降低籽棉含杂率。

籽棉采摘时,往往会夹带绳索、毛发、纺织袋丝、大片地膜等异性纤维,"三丝"问题越发严重。目前,我国解决"三丝"的主要手段是人工挑拣。为了从籽棉和皮棉中拣出三丝,棉花加工企业和棉纺企业都雇用了大量的劳动力,这极大地增加了棉花加工企业和棉纺企业的生产成本,削弱了我国棉花和棉制品在国际市场上的竞争力,进而影响到我国整个棉花产业链的健康、持续、稳定发展。与此同时,由于人工长时间挑拣三丝,容易产生视觉疲劳,造成长三丝挑不净,短、小、细、微三丝的残留率高,导致皮棉或棉制品中三丝含量超标而遭到国内外客商的屡屡索赔。另外,由于夜间人工挑拣三丝困难,棉花加工企业无法进行夜班生产。三丝问题已经成为困扰我国棉花产业发展的瓶颈问题。解决"三丝"问题最节省、最有效的办法不是到皮棉中去解决,而是从源头上解决,从籽棉中清除。本节重点介绍长三丝清理机和异性纤维综合清理机等关键部件和设备的结构与工作原理,以解决我国目前棉花加工过程中的"三丝"问题。

7.2.2.1　场地籽棉预处理机

（1）主要结构及工作原理

场地籽棉预处理机主要是由喂花开松部、提净部、倾斜清理部等组成,如图7-10所示。总体布置采用上、中、下的三层次错位式安装,各部可以独立使用,也可以任意组合式运行。当不选用某一功能部件时,可切换导流板位置,改变籽棉路径,关停对应电机以降低能耗。喂花开松部采用变频调速电机控制喂花量;提净部选用较大直径的锯齿辊,以提高清杂效果;倾斜清理部集成六联组刺钉辊,呈水平与倾斜组合式布置,有利于降低工作高度,增加过流面积,提高清杂效率。

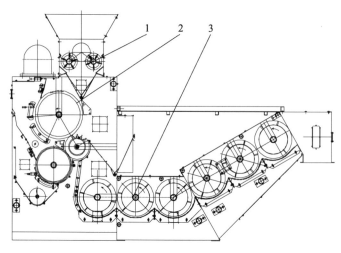

1—喂花开松部;2—提净部;3—倾斜清理部

图7-10 场地籽棉预处理机

含杂籽棉经外置的输送设备输运至顶端的喂花部,相对转动的喂棉辊组对籽棉流进行开松,抛掷到其下部的提净部;依附在锯齿辊表面的籽棉和杂质在锯齿勾拉下随大锯齿辊转动,当碰到除杂棒,籽棉流中混有的铃壳、棉秆、棉桃等大杂被阻挡,进入排杂口;被锯齿勾拉住的籽棉经上层的钢丝刷拭平后紧紧地贴附在锯齿辊筒表面,最后籽棉在高速旋转的毛刷辊筒作用下,利用橡胶毛刷与钢板锯齿对籽棉的摩擦系数差异性,籽棉被刷离锯齿而进入下一道清理部;部分混入杂质中的籽棉经下层的钢丝刷强行喂入至回收辊表面,在回收辊的锯齿勾拉带动下,进入高速旋转的毛刷辊筒作用区域,同样被刷离锯齿而进入下一道清理部;提净后的籽棉据工作需要,通过变换导流板位置,可进入或不进入下一道六联辊的倾斜清理部,籽棉可从六联辊下端送入,最后从顶端排出,完成场地籽棉预处理。

（2）主要技术参数

场地籽棉预处理机主要技术参数见表7-5。

表7-5 场地籽棉预处理机主要技术参数

参数	单位	数值
长×宽×高	mm	4 000×1 400×2 700
配套总动力	kW	11.75
辊筒有效幅宽	mm	1 200
锯齿辊直径	mm	420
锯齿辊线速度	m/s	8~10

参数	单位	数值
刷棉辊线速度	m/s	13 ~ 16
刺钉辊线速度	m/s	7 ~ 8
排杂间隙	mm	15 ~ 20
生产率	t/h	3 ~ 5
清杂率	%	>70

（3）主要特点及适用范围

本机具适合人工快采棉和选收式采棉机机采籽棉的预处理,能够方便、快捷地将籽棉中的棉叶、铃壳及少量枝杆清理掉,同时可以清理加工落地棉和回收后晒开的棉桃。

7.2.2.2　多功能籽棉预处理机

（1）主要结构及工作原理

多功能籽棉预处理机(见图7-11)同样是由喂花开松部、提净部、倾斜清理部等组成,其结构包括喂料辊、开松辊、锯齿辊、刷棉辊、回收辊、刺钉辊等主要部件。籽棉运行路径自上而下,再自下而上,呈"V"字轨迹。籽棉在整个运行过程中,充分利用棉纤维的弹性特点,通过"弹、打、抛、勾"等一系列动作,实现杂质与籽棉的分离。

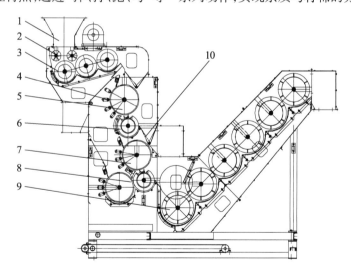

1—储棉斗;2—喂料辊;3—开松辊;4—排杂棒;5——级锯齿辊;6—刷棉辊;
7—二级锯齿辊;8—回收辊;9—刺钉辊;10—导流板

图 7-11　多功能籽棉预处理机

储棉斗内的籽棉在一组相对运转的喂棉辊引带下均匀地进入开松辊,在三级开松辊和格条栅的打击及阻隔下,松散开的籽棉进入锯齿辊组件,顶部的钢丝刷将籽棉压制喂入旋转的锯齿辊,附着力强的籽棉能够紧贴锯齿表面跟随锯齿辊一起转动,而附着力弱的棉秆、铃壳类杂质,在离心力与排杂棒阻隔作用下脱离锯齿辊表面,与籽棉分离。少量与籽棉缠绕,或被籽棉夹带的少部杂质与籽棉一起进入二级锯齿辊,同样的工作原理,余下的杂质能被顺利地清理出来。在前二级清理出的杂质中,也会夹带少量籽棉,通过底部的回收辊,可以完成夹带籽棉的回收。提净部清理出的籽棉进入下一个倾斜清理部,在六联组的刺钉辊连续作用下,细小杂质会从格条栅间隙中排出,完成了籽棉清理。

（2）主要技术参数

多功能籽棉预处理机主要技术参数见表7-6。

表7-6　多功能籽棉预处理机主要技术参数

参数	单位	数值
长×宽×高	mm	4 000×1 400×2 700
配套总动力	kW	11.75
辊筒有效幅宽	mm	1 200
锯齿辊直径	mm	420
锯齿辊线速度	m/s	8～10
刷棉辊线速度	m/s	13～16
刺钉辊线速度	m/s	7～8
排杂间隙	mm	15～20
钢丝刷与U型锯齿辊间隙	mm	1～3
刷棉辊与U型锯齿辊间隙	mm	6～8
生产率	t/h	3～5
清杂率	%	>70

（3）主要特点及适用范围

本机具适合人工快采棉、选收式采棉机及统收式采棉机机采籽棉的预处理,能够方便、快捷的将籽棉中的棉叶、铃壳及大量枝杆清理掉,同时可以清理加工落地棉和回收后晒开的棉桃。

7.2.2.3　长三丝清理机

（1）主要结构及工作原理

长三丝清理机主要是由尘笼部、闭风阀、清理部等组成,如图7-12所示。尘笼部与闭风阀主要是实现籽棉的输送与喂入。清理部采用双通道结构,通过调整调节板组件和互换传动离合选择籽棉清理通道,主要是由若干个缠绕辊交错布置,形成全方位的清理。

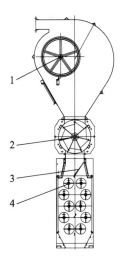

1—尘笼;2—闭风阀;3—调节板;4—缠绕辊

图 7-12　长三丝清理机

含有三丝杂质的籽棉经尘笼引风机的输送,进入闭风阀,由闭风阀旋转均匀喂入下部清理部。清理部的上方设有调节板,能够将籽棉导向一侧清理通道,当缠绕辊达到一定缠绕程度时(间隔 1～2 h),更换至另一侧清理通道,关停原先一侧缠绕辊的运转,并及时打开侧门清理缠绕辊;清理过的籽棉从底部排出。

(2)主要技术参数

长三丝清理机主要技术参数见表 7-7。

表 7-7　长三丝清理机主要技术参数

参数	单位	数值
长 × 宽 × 高	mm	1 800 × 1 400 × 4 800
配套总动力	kW	13
辊筒有效幅宽	mm	1 200
缠绕辊直径	mm	180
缠绕辊数量	个	10
生产率	t/h	4～6
长三丝清杂率	%	>70

（3）主要特点及适用范围

长三丝清理机主要去除混入籽棉中的超长绳状物杂质（如长布条、长塑料绳、长尼龙绳等，通称"长三丝"），但对籽棉在采摘、摊晒、运输过程中混入的塑料编织丝、地膜片、羽毛、人畜毛发等异性纤维（通称"短三丝"）所起的清理作用不大。因此，在生产实际中，它往往与提净式籽棉清理机或者倾斜回收式籽棉清理机等设备组合使用，能达到综合清理目的。

7.2.2.4　异纤综合清理机

（1）主要结构及工作原理

异纤综合清理机是在长三丝清理的基础上，继续完成对籽棉在采摘、摊晒、运输过程中混入的塑料编织丝、地膜片、羽毛、人畜毛发等异性纤维（通称"短三丝"）清理。主要结构包括长三丝清理部、短三丝清理部及尘笼清理部等，如图7-13所示。

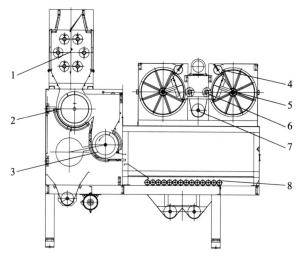

1—长三丝清理部；2—刺钉辊；3—喂入辊；4—尘笼压辊；5—尘笼；

6—剥杂辊；7—异纤搅龙；8—输送辊

图7-13　异纤综合清理机

机采籽棉经过籽棉输送通道首先进入顶部双通道的"长三丝"清理部，然后由刺钉辊、喂入辊送往输送辊，在连排的输送辊表面，籽棉呈铺放状态。籽棉上部设有两组尘笼组件，并在籽棉上部空间形成一定负压，质量较差的塑料编织丝、地膜片、羽毛、人畜毛发等异性纤维受到空气吸力，在输送辊刺钉松动下，能够迅速地从籽棉中分离出来并进入尘笼；杂质进入尘笼后，在剥杂辊的刮带下，落入异纤搅龙而排出，实现异纤综合清理。

（2）主要技术参数

异纤综合清理机主要技术参数见表7-8。

表7-8　异纤综合清理机主要技术参数

参数	单位	数值
长×宽×高	mm	3 870×2 700×4 200
配套总动力	kW	17.25
辊筒有效幅宽	mm	2 000
缠绕辊直径	mm	180
缠绕辊数量	个	6
输送辊直径	mm	95
输送辊数量	个	6
刺钉辊直径	mm	610
生产率	t/h	6～8
异纤清杂率	%	60～90

（3）主要特点及使用范围

异纤综合清理机适合清理长三丝及质量较轻的短三丝、地膜片等异性纤维,但对于质量与籽棉相差不大的断柄棉秆等杂质的清理效果不明显。因此,它往往还需要与其他清理设备配合使用,才能达到综合清理效率高的效果。

7.3　提高机采籽棉加工质量的途径和措施

7.3.1　机采籽棉的加工质量标准

目前,我国针对机采籽棉的加工质量还没有相应的国家标准及行业标准。参照 GB/T 19818—2005《籽棉清理机》,GB/T 21397—2008《棉花收获机》及 GB 1103—2007《棉花细绒棉》等,有利于明确机采籽棉的加工质量标准。

① 机采籽棉的加工条件:籽棉公定回潮率为8.5%,最高限度为10.0%。

② 机采籽棉的每一道加工工序,使用的清理设备除必要的清杂效率不低于50%等重要参数外,还应对籽棉含杂率、棉纤维长度、马克隆值、长度整齐度、断裂比强度等参数的影响有明确规范,见表7-9至表7-13。

表7-9 籽棉含杂率

项目	参考值/%
机采籽棉含杂率	≤11
籽棉加工后含杂率	≤3

表7-10 棉纤维长度分级表

分级	棉纤维长度/mm	级别评价
25 mm 级	≤25.9	很差
26 mm 级	26.0～26.9	差
27 mm 级	27.0～27.9	一般
28 mm 级	28.0～28.9	标准级
29 mm 级	29.0～29.9	良
30 mm 级	30.0～30.9	良+
31 mm 级	31.0～31.9	优
32 mm 级	≥32.0	优+

表7-11 马克隆值分级表

分级	分档	马克隆值范围
A	A	3.7～4.2
B	B1	3.5～3.6
	B2	4.3～4.9
C	C1	≤3.4
	C2	≥5.0

表7-12 长度整齐度分档表

序号	长度整齐度指数范围/%	分档
1	<77.0	很低
2	77.0～79.9	低
3	80.0～82.9	中等
4	83.0～85.9	高
5	≥86.0	很高

表 7-13　断裂比强度分档表

序号	断裂比强度范围/(cN/tex)	分档
1	<24.0	很差
2	24.0~25.9	差
3	26.0~28.9	中等
4	29.0~30.9	强
5	≥31.0	很强

注:断裂比强度为 3.2 mm 隔距,HVICC 校准水平。

③ 籽棉中异性纤维含量(如化学纤维、毛发、丝、麻、塑料膜、塑料绳、染色线等)也是对籽棉加工分级的重要指标,特参照皮棉中异性纤维含量分档方法,制定籽棉加工异性纤维含量分级指标,见表 7-14。

表 7-14　异性纤维含量分档表

代号	异性纤维含量/(g/t)	程度
N	<0.10	无
L	0.10~0.39	低
M	0.40~0.80	中
H	>0.80	高

7.3.2　提高机采籽棉加工质量的途径

提高机采籽棉加工质量是一个系统工程,仅靠棉花加工厂的加工工艺是不能完全解决的。要保证进入棉花加工厂的籽棉符合机采棉加工标准,要满足以下几点。

(1)种植上要选择适宜于机采棉加工的品种

机采棉的收获基本上是一次性完成的,所以在选择机采棉品种时,一定要考虑棉花品种成熟的特性,要选择早熟,株型紧凑,成熟集中,吐絮畅,衣分、纤维长度等各项指标良好的品种,这样可以避免籽棉加工后指标一致性差的问题。

(2)棉种必须统一采供,防止品种多样,种植管理上要保持高度的一致性

在棉花种植各环节,尤其是机采棉,在种植模式、播种时间等方面要保持一致;到采收季节,要统一有计划喷施脱叶剂,尽量保证所有的籽棉质量一致。

(3)适时采收

机采棉的采收时间是保证籽棉加工质量的关键,采收早,不仅会降低产量,而

且会影响籽棉加工质量;采收晚,增加了落地棉损失,同样影响籽棉加工质量,尤其是籽棉加工质量的两个重要指标,即马克隆值和断裂比强度发生变化。收获早、成熟度差,马克隆值太低,收获晚、断裂比强度大,都会降低籽棉加工质量及后期可纺性。

(4)加强采收籽棉分级管理,建立更加严格的采收管理制度

在收购中保证籽棉收购的水分和杂质,使之控制在设备、工艺能够处理的范围内,从而保证籽棉的收购质量。籽棉收购中严格控制回潮率,在回潮率高于12%的籽棉分类管理时,避免混湿、混级,避免"三丝特杂"以规范检测籽棉质量及回潮率。通过这些有效措施,最大限度地避免混湿、混级的现象,为籽棉加工质量打下坚实的基础。同时,籽棉卸花、垛花、喂花等各个环节,还应严防各种异性纤维等新生杂质混入籽棉中。

(5)制定合理的籽棉加工工艺技术路线

针对机采籽棉不同的含杂率、含水率,适时调整籽棉加工工艺技术路线,使籽棉加工的清杂效率与籽棉加工质量达到最优组合。

7.3.3 提高机采籽棉加工质量的措施

优质的籽棉是保证机采籽棉加工质量的基础,但还必须有完善的设计工艺、技术先进可靠的设备,所有这些生产线的设计思想基本一致。通常籽棉清理4遍,并且每一次清理侧重不同,以保证轧花前籽棉含杂率在3%以下。实践证明,籽棉回潮率在6.5%~8.0%时,籽棉加工设备工作状态为最佳;籽棉回潮率大于9.0%时,杂质与棉纤维附着力会随回潮率的增加而增加,清理效果不好;籽棉回潮率小于6.5%时,虽然清理效果好,但由于棉纤维抗拉伸强度降低,棉纤维损伤较大。为保证籽棉回潮率在6.5%~8.0%,机采棉生产线都配备了两道烘干系统。应该说目前使用的机采棉生产线无论国内的,还是国外的,在工艺上已趋于完善,但国内产品在运转率及可靠性上有些偏低。国外引进的生产线虽然技术含量高,但由于工人技术素质及培训工作跟不上,加上零配件供应困难等问题,其经济性、实用性还不如国内产品,故从长远发展角度看,机采棉的发展还应该立足于选择国内加工设备。

(1)籽棉预处理工艺技术路线越长,往往对棉纤维的损伤概率越大

机采棉加工生产线一般可实现两次烘干与多遍清理之间的转换,根据籽棉的实际情况灵活选择工艺路线,可在保证质量的前提下,最大限度地减少机械对棉纤维的损伤。水平摘锭式籽棉预处理工艺技术路线较长,虽清杂率高,但籽棉经多次清理过程的打击作用及长距离的输送,更容易引起棉纤维的拉伤,造成棉花衣分亏损及品质下降。相反,如果工艺技术路线过于简单,会产生清杂效率低、清杂不彻

底现象,还会加重后续皮棉清理杂质的难度,造成棉花品质的下降。因此,设计的籽棉预处理技术路线是可变的,具有可调性,需要随不同机采籽棉具体含杂率的情况而作出相应地调整。

(2)2种采收方式形成籽棉预处理工艺技术路线成本差异大,应因地制宜的发展

水平摘锭式机采籽棉加工流水线初期投入设备成本在1 000万元以上,还需要配套更大面积的厂房设施。我国水平摘锭式机采籽棉加工流水线起初是引进美国的成熟技术,工作稳定、效率高,但每年的运行成本、维修成本都相当高,只能适用于新疆地区大面积的棉花种植;在内地,由于种植相对分散,考虑机采籽棉运输成本及机加工成本,适宜发展中小型棉花加工企业。

统收式机采籽棉预处理工艺技术路线,可以充分利用轧花厂原配有的适合人工快采籽棉加工生产线或水平摘锭式机采籽棉加工流水线,再在喂入初始端新增配套的籽棉预处理设备,即可实现一机多用的效果。

(3)加强籽棉加工在线检测技术,适时调整加工设备结构参数与运行参数

不同的籽棉采摘方式会引起籽棉含杂率不同,同一个采摘方式,也会因棉花品种(株型、株高、果枝长度、始果枝高度、茎粗)、种植模式、脱叶率、吐絮率、机具工作状态、驾驶员的熟练程度等因素变化而引起籽棉含杂率差异明显。在籽棉清理加工过程中,籽棉含杂率是一个动态过程,因此,增加适时在线检测含杂率、含水率等设备,应用智能化控制装备,是提高籽棉加工作业质量的重要手段与发展方向。

第 **8** 章　棉花生产机械化发展趋势与展望

8.1　我国棉花生产机械化面临的问题

　　棉花生产全程机械化,是实现现代化植棉的根本出路,植棉用工多、机械化程度低是制约当前我国实现棉花机械化生产的主要障碍。我国棉花生产机械化技术虽然经过几十年的研究与创新取得了一定成就,但与先进植棉大国相比,仍存在棉花生产方式落后、机械化水平较低、经营规模小、劳动强度大且生产率低、生产成本比较高等诸多问题,主要表现在以下几个方面。

　　(1) 缺乏适合机采的棉花品种

　　机采棉的品种选育环节滞后是影响机采棉含杂率和质量的关键因素。棉花采收机械化程度低,是制约我国棉花生产机械化水平的关键因素。机采需要重点选择早熟、衣分高、株型通透、果枝始节位高、吐絮集中、含絮较好、抗倒伏、纤维品质优的棉花品种。当前棉花生产中应用的品种虽然通过栽培、化学调控等措施可以达到适合机采的要求,但是熟相偏晚、成铃不集中、含絮力差、始节位低等仍是棉花机械采收的不利因素。目前针对机采棉的育种进展不大,高抗、高产的优良品种尚未出现。根据现有机采棉的特性和生产方式,选育适合机采的棉花品种势在必行,目标是:早熟,成熟期一致;纤维长度好,纤维断裂比强度高,吐絮畅,不夹壳;株型紧凑,抗倒伏,果枝始节位离地高。

　　(2) 机采棉技术规程不完善

　　机采棉栽培技术是一项复杂的农艺栽培技术,实现机采棉栽培标准化是棉花生产全程机械化的关键。三大棉区土壤、气候、农艺技术差异很大,应综合考虑各流域棉区自然地理条件、经济发展水平和种植模式习惯的差异,结合各主产棉区机采棉相关综合配套技术、设备、品种选育和农艺栽培技术研究,探索和推广适应各棉区的棉花轻简栽培模式,制订机采棉栽培技术规程,循序渐进地提高棉花生产机械化水平。

　　(3) 轻简化、机械化技术跟不上

　　棉花机械化水平低,区域间差异大,在耕地资源稀缺、棉花成本不断上涨的背景下,技术和服务成为棉花夺取高产,并与其他经济作物竞争的手段。根据国家农业行业标准规定的测算,我国棉花综合机械化水平仅为 53.83%,其中机耕为 76.84%,机播为 54.18%,机收为 30% 左右。而同期小麦、大豆、玉米和水稻的综合机械化水平分别为 89.4%,68.9%,60.2% 和 55.3%。从全国三大棉花主产区来看,机械化水平的差异很大,我国棉花生产机械化程度由高到低依次为西北内陆棉区、黄河流域棉区和长江流域棉区。其中,西北内陆棉区中新疆地区机械化水平最高,为 73.6%。

棉花生产中,收获环节是劳动强度最大、耗费人力最多、投入成本最高的环节,已经成为影响我国棉花生产的瓶颈。棉花产业应从劳动密集型向技术密集型转变,用轻简化、机械化等现代植棉技术替代传统的精耕细作,不断提升全程机械化生产各型机具的性能和质量,加快研究适应不同流域的棉花生产全过程机械设备。

（4）政策不健全

根据我国的国情,实现棉花生产机械化、智能化仅靠市场调节是不够的,还必须依赖政府的正确引导和财政扶持。规模化的推进,机械的研制与生产、示范推广都必须有政府的大力支持和财政投入,我国各级政府应在政策上加以引导和扶持,采取实际有效的措施和方法,突破棉花机械化技术瓶颈,快速提高我国棉花生产的机械化作业技术与装备水平。其中,棉花机械化打顶、机械化收获总体水平低,是制约我国棉花规模化、机械化、信息化、智能化水平提高的主要瓶颈,也是未来十年的发展重点。

8.2　棉花生产机械化发展趋势

进入 21 世纪以来,为了提高棉花生产作业效率,减轻劳动作业强度,提高棉花的产量与质量,降低棉花生产成本,迫切需要实现棉花机械化生产。政府的政策引导、财政扶持、有志企业和科研院校的加盟,有力地推动了棉花作业机具的改进与提高,同时也带动了一批棉花产业机械制造业的空前发展。

8.2.1　耕种机械化发展趋势

（1）播种机械化发展趋势

目前,我国的棉花播种技术在新疆地区较为成熟,但整体水平与发达国家相比还存在一定差距。我国棉花播种机呈现以下发展趋势:

① 一机多功能化。棉花播种机进地一次即可完成开种沟肥沟、施肥、播种、覆土、镇压、覆膜等多个作业工序。

② 发展气力式播种机。由于机械式播种机不适于高速作业,对种子适应性差、破种率高,将逐渐使用气力式播种代替机械式播种,气力式排种器有气吸式、气

吹式、气压式和气送式。国外气力式播种机上的吸(吹)风机除了用动力输出轴驱动外,还可用液压马达驱动。风机工作转速低、噪音小、负压大、寿命长,最多可连接 24 个排种器。同时,风机上普遍安装了风压指示仪表和风压调节装置,以满足与不同型号播种机的配套使用要求。

③ 宽幅、高速且生产效率高。增加播种行数,增大宽幅,机架采用液压折叠,折叠机构形式多样、结构紧凑、新颖灵巧,有水平折叠、垂直折叠和平行四杆折叠;机具在播种过程中遇到窄幅地块或障碍物时自行折叠,可同时关闭有关播种器的工作,有利于道路运输。宽幅机架还可采用机架分段铰接整体仿形机构,该机构可在地表 ±20°坡度范围内进行整体仿形播种作业,保证了宽幅机组对田间不平度的适应性和各行播种深度的一致性。

④ 播种机系列完整,配套广泛,能够实现拖拉机与播种机的理想配套,充分合理利用了拖拉机功率;同时,各型号之间的零部件通用率和标准化程度均可达到80% 以上,具有理想的适用性及更换和维修的方便性。拖拉机与播种机采用了多种挂接形式,保证了不同系列配套机型田间作业和道路运输的可靠性、稳定性和方便性。根据播种机的不同宽幅和机构质量,分别选用悬挂式、半悬挂式和牵引式挂接形式。另外,播种单体与机架采用结构简单的夹紧装置连接,方便地进行播种单体的更换和行距的调整。

⑤ 播种单体和整机上安装播深调控装置和智能化播种监视装置。播深调控装置可以准确调节、控制和指示播种深度,保证播种深度的一致性;智能化监视装置可以实时监测,并显示公顷播量、粒距、作业速度和作业面积等指标。大型机组采用后置或前置挂接式集中种肥箱,在播种作业过程中,集中种肥箱的自动控制系统可根据每行种肥箱存量监视装置提供的信息,自动向各行种肥箱吹送种子和肥料,机组可连续工作 1 h 以上,减少机组添加种肥的次数和时间,提高劳动生产率,降低作业成本。

⑥ 采用平行四杆仿形限深机构,不同用途和不同型号的播种机采用不同型式的仿形限深机构,有前仿形轮限深、后镇压轮限深、侧向双橡胶轮限深和前后轮复合限深。四杆机构的铰联轴套均采用了黄铜或高强塑料,配合精密、耐磨性好,确保排种器位置的稳定性和仿形限深的准确性及可靠性。智能化仿形技术的研究解决了现有播种机存在的仿形滞后等问题,采用电气智能化的仿形设备,可以及时、准确地将地面变化采集并反馈,从而仿形达到要求。

⑦ 采用多地轮驱动、万向轴连接、单向超越离合器和集中变速箱等结构,确保整个工作幅宽中的平稳、可靠传动和匀速播种,并降低传动滑移率。

⑧ 在精密播种机上应用由卫星定位系统、地理信息系统、专家智能系统和遥感技术相融合的农业高新技术,精密播种机朝着精准、变量、高效和高度智能化方

向发展。

⑨ 精量播种技术已逐步实现。由于现代科技的发展使棉花种子发芽率得以大幅度增加,为节约棉种同时也降低生产的成本,棉种降低到每穴 1～2 粒,节省了70% 左右的种子,不仅保证了出苗率,而且大大降低了田间间苗的工作量,作物产量也得到了提高。

（2）育苗移栽机械化发展趋势

纵观育苗技术的研究与应用现状及国内外移栽机械的发展、应用情况,我国的棉花育苗机械化移栽的发展趋势和研究重点可分为两方面:一方面,需加大棉花适于机械化的农艺性状研究,使育苗、移栽、施肥和药物等各环节密切配合,进行多学科联合攻关并设定统一的技术标准,建立适宜机械化作业的育苗移栽技术体系。另一方面,移栽机械以力求降低设备投资、减少运行费用、降低操作和保养难度、提高可靠性和使用寿命为研究目标,朝着全自动、标准化、系列化和规格化方向发展,因地制宜发展适用的特色机型。

（3）耕整地机械化发展趋势

棉花耕整机械近年来在我国迅速发展,单功能作业的小型整地机械已经相当成熟,大型复式作业即多功能作业机械也有了一定的发展,故在今后的一段时期内,大型复式作业耕整机械将占主导地位。

8.2.2　植保机械化发展趋势

从我国的植棉规模和区域来看,受我国国情的影响,小面积的种植模式在今后将继续存在一定时期,而且我国植保机械的作业特点使专业化治理难以实施,严重制约着大、中型棉花植保机械的发展,因此,在今后的一段时间,我国棉花植保机械仍以小型植保机械为主。从我国棉花植保机械的发展历程来看,未来的棉花植保机械将机电一体化技术、液压气压技术、人工智能技术、自动化控制技术及 GPS 导航技术等集于一身,可实现无人驾驶程序反馈控制,成为适用于大型棉田集中式连续作业的高自动化农用机械。未来的棉花植保作业机械将实现打顶、除虫、施药、中耕一体化,在棉花植株培育期完成多功能同步作业,既能提高作业效率而缩短生长周期,又能降低设备成本而减少资源浪费。多样式的棉花植保机械将在不同的农艺要求和生产条件下满足作业要求,为实现棉花生产全程机械化作业提供有力保障。简而言之,棉花植保机械逐渐从简易小型背负式过渡到复杂大型自走式,由单功能的机械过渡到多功能机械,即将来多功能大型机械是必然趋势。

8.2.3　收获机械化发展趋势

国产水平摘锭式采棉机有巨大的市场潜力,并有向大、中型自走式方向发展的趋势,未来大、中型自走式采棉机在我国将会有更加广泛的应用前景。手持式小型采棉机因工作过程中需要人工对准,具有工作效率低、劳动强度大、对操作者要求较高等缺点,完全不能满足棉花采收机械化的要求。而大、中型自走式采棉机一次即可完成4行以上的棉花采收过程,大大提高了生产效率;且大容积的棉箱和燃油箱可减少停机次数,保证工作工时,也保证在短时间内完成大面积工作任务,故成为未来发展趋势。

采棉机上应用世界领先水平的棉花产量监测及信息收集系统——精准农业系统,该系统目前在澳大利亚、美国、巴西很多凯斯采棉机上应用,并已开始和AFS精准农业系统配套工作,指导农业生产。精准农业系统由信息收集传感器、DGPS差分定位系统、产量信息监测仪、数据卡等部件组成。各种传感器负责感知产量、行走速度、面积及采棉机工作状况等信息;DGPS差分定位系统对收集的产量信息的位置进行精确定位;产量监测仪负责对收集的以上信息进行处理,实施监测、储存等;数据卡可以将产量监测仪收集的信息进行转存,以进一步对数据进行分析。这种应用大大扩展了采棉机的功能和使用效能,相信在今后会不断推广应用。

为提高采棉机工作性能的稳定和安全性,可利用各种传感器对整个采棉过程实施全程监控,如采收棉花堵塞、工作部件温度过热等报警系统;向安全、舒适的方向发展。设计与采棉机相配套的安全装置,如安全梯、有效的灭火和各种防护装置,以保证棉农人身财产安全。对驾驶室进行优化设计,为操作人员提供舒适的工作环境。同时,在我国棉区推广标准化种植模式和管理模式,研究适合机械化采收的棉花新品种,从而提高我国棉花采收机械化水平,为未来大、中型自走式机采棉在我国的推广应用打下基础。

8.2.4 加工机械化发展趋势

8.2.4.1 棉模存储技术发展趋势

纵观国内外棉模储运技术的发展及应用现状,总结我国棉模储运技术的主要发展方向,研究重点如下:

(1)研究相应配套的圆模开模机

因圆形棉模相对于方形棉模具有存储、运输及管理方便等优点,籽棉收获后打成圆形棉模成了必然趋势。但由于圆形棉模打包用的高强度打包膜多为聚乙烯薄膜,膜间吸附力强,圆形棉模开模时需破坏打包膜,且开模后的打包膜回收过程复杂,不利于二次使用,故造成打模费用增加。针对这一问题,应研究出相应配套的圆形模块的开模机械,减小因开模造成的打包膜破坏,便于打包膜的循环使用。

(2)应重点开发机采打模一体机

为便于采摘小地块的棉花,经济实用、多功能的中小型的采棉机具有较好的发展势头。但中、小型采棉机棉箱体积有限,在采摘作业过程中如卸棉次数过多则造成卸棉时间长、收获效率低、卸棉人员工作繁重等问题,而且大型的棉模设备较为庞大、昂贵,农户购买经济负担较重。为解决以上问题,可重点开发中小型的采棉打包一体机。采棉打包一体机合并采棉和籽棉打模两个作业工序,采棉过程中可将打好的棉模暂放置于田间,而后由其他专用运输车运往存储地,既缩短了收获及打模时间,降低了作业成本,又保证了籽棉的收获品质。开发机采打模一体机将提高籽棉采摘及存储效率,获得最佳的经济效益。

（3）实现籽棉存储机械化

应用大型棉模存储方式,籽棉在长期存储过程中易回潮变质,为达到对大尺寸棉模通风排潮的目的,一般采用在棉模的不同位置放置钻有孔眼的空心管道,利用外吸风机的吸力,抽取棉垛中的潮气。同时,研究通风排潮设备,着力于棉模管架的尺寸结构、布局方式,引风机的风量与动力匹配,温度、湿度自动化监控系统向多功能、智能化方向发展。

8.2.4.2　棉模运输技术发展趋势

我国近几年棉模运输技术有了较快的发展,但运输机械品种单一,适应性有待提高。棉模运输技术的发展可归纳为以下几个方面:

（1）棉模运输车仍需继续发展

棉花运输车虽然可用,但还存在装卸不便、容积不够等问题,其中最严重的问题是卸车时不稳定,容易翻车。带有链耙式自动装卸系统的棉模运输车在卸车时稳定性和卸车速度均有提高。提高棉模运输车的自动化程度,仍是运输技术的主要发展方向。同时,还应提高棉模运输技术研究水平,将机电一体化和计算机技术应用于棉模运输车,不断提升棉模运输车的性能、可靠性及操作方便性。

（2）合理配备棉模运输机组

单台棉模运输车的运输量至少要达到 3 000 t 籽棉的应用规模,根据采棉机生产效率、打模机工作效率及运输距离,合理配置棉模运输机组,有利于提高采棉、籽棉存储及运输的系统效率。

（3）研究适应圆形棉模的运模车

现有运输方模的棉模运输车虽然具有结构简单、操作方便、籽棉运输效率高等特点,但方模棉模运输车较为庞大、昂贵,用于运输圆形棉模较为浪费。今后应研究适应圆形棉模运输的棉模运模车,以降低运输成本、节约资源。

总而言之,机采棉籽棉储存管理过程中,"打模、运模、开模"的三模设备应用,改变了传统的棉花储运模式,使之高度机械化。安全、节能、均匀、高效的棉花储运管理体系,具有很好的社会、经济效益,是今后棉花机械化的发展方向。

8.2.4.3　运用新技术提升加工水平

棉花加工机械化是确保棉花质量、提高加工效率的关键。近年来,我国棉花机械化加工水平已经有了很大的提高,随着棉花质量检验体制改革,未来我国棉花加工机械化将朝着标准化的方向发展,机采棉的推广对棉花机械化加工提出了新的要求。因此,要改变传统落后的棉花加工工艺,重视清理和烘干预处理环节,加大棉花加工机械及相关设备的研究和改造,加快棉花加工新技术、新工艺的开发与应用,实现未来棉花全程机械化。

8.3　棉花生产机械化展望

机采棉技术的推广是由多个环节组成的复杂工程,涉及诸多因素。农艺上,应注重机采棉从品种选育到播种、收获等多环节的技术标准应用;农机技术上,应充分利用电-液压技术、计算机技术增加自动检测,提高机具设备作业可靠性;完善控制系统,改善驾驶员的工作环境,使机器操作向更加人性化的趋势发展,最大限度的发挥机采棉的综合效应,使机采棉采摘的效益最大化。

① 在机采棉推广工作中采取积极有效的管理措施,合理的政策引导,充分调动棉农采用机采棉的积极性,为推广工作顺利开展提供有力保障。棉花生产管理部门要加强领导,保证机采棉技术推广顺利进行;及时掌握机采棉工作动态,研究工作中发现的问题,提出解决方案,为决策提供依据。

② 保留长江流域、黄河流域、西北内陆棉区三大棉区的布局。西北内陆棉区中的一些不适宜种植棉花的区域要逐步退出棉花种植,进一步开展农业种植结构的调整;黄河流域棉区棉花种植应该继续向黄河三角洲地区集中,在盐碱地区域和缺水区应积极发展植棉业,解决盐碱地生态环境和农用水资源短缺的问题;长江流域棉区应主动调减棉花种植面积,促进次宜棉区的退出,同时转变生产方式,向规模化、机械化、集约化的道路发展,降低生产成本,提高棉花产量和品质,提升棉花产业的市场竞争力。可以利用早熟棉品种在长江流域、黄河流域棉区进行小麦和油菜后直播,在保证我国粮食用地的同时,保证植棉面积和棉花产量。

③ 推进内地棉花的机械化进程。长江流域、黄河流域因种植方式分散、种植规模小、棉田基础薄弱、生产方式落后等问题,机械化植棉水平很低;因特殊的种植模式及地理环境,长江流域、黄河流域棉区对机械化的要求与新疆地区完全不同,甚至比新疆地区要求更高。因此,应增强整地、播种、采收机械化的研究力度,尤其是采收环节机械化的研究力度,在国外成熟技术基础上,结合自身的实际情况进行创新改进,将引进与自主创新相结合,研发低成本、高可靠性的机采棉技术和设备。

④ 研发适合全程机械化作业的棉花新品种及与其配套的栽培措施和农机设

备。与美国等发达国家机械化水平相比,我国的机械化植棉水平很低,主要原因是我国农机、品种、栽培不配套。因此,要实现我国棉花生产的全程机械化,首先要培育适合机械化作业的棉花新品种,并研究与其相配套的栽培措施;其次要立项研发与品种、栽培相配套的农机设备;推广机采棉的标准化种植、管理模式,全面提高棉花生产机械化的整体水平,从而提高棉花的产量和质量,实现棉花生产"低成本、高效益、大规模"的发展方向,对机采棉进行不断地改进和提高。

⑤ 创建创新机制,深化农机经营创新改革,提高农机专业化、社会化服务水平,加大推广力度,探索培育市场化、专业化、社会化的农机服务产业,建立以政府投入为引导,棉农投资为主导,充分利用国家农机购置补贴条件,使购置采棉机及其器具资金问题得到解决,积极鼓励社会投入的多元化机制。

⑥ 根据实际情况,加快出台政策,实行统一的棉花质量检验技术标准。由于机采棉加工生产线没有条形码,上市交易受阻,应加快推广棉包条形码信息管理系统,规范机采棉加工生产企业经营与管理,为机采棉提供良性发展渠道。只有解决好制约机采棉发展的关键环节,才能使棉花产业走上健康发展的道路,实现现代化生产。

⑦ 加强技术示范推广,加大政策支持力度,进一步加强棉花机械推广鉴定;开展技术培训和指导,加快开发与应用棉花加工新技术、新工艺,提高棉花加工质量,实现棉花加工升级,降低棉花加工损耗,全面促进我国棉花产业的可持续发展。

棉花是我国主要的经济作物,产量居世界首位,农村劳动力大量输出和老龄化加剧使棉花生产机械化的研究发展迫在眉睫。推广棉花全程机械化生产技术是棉花生产发展的根本出路,发展机采棉也是我国棉花生产的必然趋势。目前机采棉相对于人工采收存在着购机成本高、采净率低、籽棉含杂率高、纤维品质下降、售棉价格低等问题,与棉花机采相配套的籽棉清理加工工艺需相应提升,与机械化生产密切相关的农业装备水平也需进一步提高和完善,这就为全面实现棉花全程机械化生产提出了新的研究课题和方向,切实需要农机、农艺、生物、化学、棉纺加工等技术人员密切合作,共同促进农机、农艺技术高度融合,为我国棉花实现全程机械化生产做出贡献。

参考文献

［1］中国农业科学院棉花研究所.中国棉花栽培学［M］.上海:上海科学技术出版社,2013.

［2］中华人民共和国国家统计局.2015 中国统计年鉴［M］.北京:中国统计出版社,2015.

［3］中华人民共和国国家发展和改革委员会价格司.全国农产品成本收益资料汇编［M］.北京:中国统计出版社,2016.

［4］毛树春.中国棉花生产景气报告 2014［M］.北京:中国农业出版社,2015.

［5］毛树春.中国棉花可持续发展研究［M］.北京:中国农业出版社,1999.

［6］张蓓蓓,耿维,崔建宇,等.中国棉花副产品作为生物质能源利用的潜力评估［J］.棉花学报,2016,28(4):384-391.

［7］毛树春,谭砚文.WTO 与中国棉花十年［M］.北京:中国农业出版社,2013.

［8］赵振勇,乔木,等.新疆耕地资源安全问题及保护策略［J］.干旱区地理(汉文版),2010,33(6):1019-1025.

［9］刘建国,卞新民,等.长期连作和秸秆还田对棉田土壤生物活性的影响［J］.应用生态学报,2008,19(5):1027-1032.

［10］左旭,毕于运,等.中国棉秆资源量估算及其自然适宜性评价［J］.中国人口·资源与环境,2015,25(6):159-166.

［11］刘军,唐志敏,等.长期连作及秸秆还田对棉田土壤微生物量及种群结构的影响［J］.生态环境学报, 2012(8): 1418-1422.

［12］刘军,景峰,等.秸秆还田对长期连作棉田土壤腐殖质组分含量的影响［J］.中国农业科学,2015,48(2):293-302.

［13］张治,田富强,等.新疆膜下滴灌棉田生育期地温变化规律［J］.农业工程学报,2011,27(1):44-51.

［14］凌启鸿.作物群体质量［M］.上海:上海科学技术出版社,2000.

［15］李保成.新疆棉花生产特点与产业发展对策［J］.农业科技通讯,2007(6):13-14.

［16］王克如,李少昆,等.新疆棉花高产栽培生理指标研究［J］.中国农业科学,2002,35(6):638-644.

［17］陈冠文,张旺峰,等.棉花超高产理论与苗情诊断指标的初步研究［J］.新疆农垦科技,2007(3):18-20.

［18］喻树迅,姚穆,等.快乐植棉［M］.北京:中国农业科学技术出版社,2016.

［19］陈学庚,胡斌.旱田地膜覆盖精量播种机械的研究与设计［M］.新疆:新疆科技出版社,2010.

［20］山东省质量技术监督局.机采棉农艺技术规程 DB37/T 2736-2015［S］.北京:中国标准出版社,2016:1.

［21］赵大为,孟媛.机械化精量播种技术发展研究［J］.农业科技与装备,2010(6):58-60.

［22］朱德文,陈永生,徐立华.我国棉花生产机械化技术现状与发展趋势［J］.农机化研究,2008(4):224-227.

［23］许剑平,谢宇峰,徐涛.国内外播种机械的技术现状及发展趋势［J］.农机化研究,2011,33(2):234-237.

［24］张晓洁,陈传强,等.山东机械化植棉技术的建立与应用［J］.中国棉花,2015,42(11):9-12.

［25］唐庆海,赵庆成,马淑英.我国机械播种技术与播种机械发展概况与趋势［J］.河北农业技术师范学院学报,1994(3):59-65.

［26］王勇,刘刚,等.我国棉花生产机械化应用现状及发展趋势［J］.农业装备与车辆工程,2015(5):72-75.

［27］王国平,毛树春,韩迎春,等.棉花系列化裸苗移栽技术［J］.中国棉花,2007,34(2):40-41.

［28］杨春安,陈志军,李景龙,等.基质育苗移栽新技术在棉花生产中的应用［J］.湖南农业科学,2009(6):47-48.

［29］毛树春,韩迎春,王国平,等.棉花工厂化育苗和机械化移栽技术研究进展［J］.中国棉花,2007,34(1):6-7.

［30］杨德金.棉花穴盘基质育苗移栽技术［J］.现代农业科技,2013(8):33-40.

［31］陈传强,蒋帆,陈昭阳.山东省棉花机械化生产农艺模式研究［J］.中国农机

化学报,2014,35(5):48-52.

[32] 刘孝峰,贺桂仁,马娜,等. 河南省棉花种植模式创新及棉花生产机械化的探索与实践[J]. 中国棉花,2014,41(10):1-3.

[33] 耿端阳,张铁中. 2ZG-2型半自动钵苗栽植机扶正器的研究[J]. 农业机械学报,2002,33(2):129-130.

[34] 董锋,耿端阳,汪遵元. 带式喂入钵苗栽植机研究[J]. 农业机械学报,2000,31(2):42-45

[35] Dong Hezhong,Li Weijiang,Tang Wei,et al. Enhanced plant growth,development and fiber yield of Bttransgenic cotton by an integration of plastic mulching and seedling transplanting[J]. Industrial Grops and Boducts,2007,26:298-306.

[36] 李桂文. 棉花裸苗移栽机取喂苗机构设计与试验研究[D]. 长沙:湖南农业大学,2013.

[37] 韩长杰,张学军,等. 旱地钵苗自动移栽技术现状与分析[J]. 农机化研究,2011,33(11):238-240.

[38] 卢勇涛,李亚雄,刘洋,等. 国内外移栽机及移栽技术现状分析[J]. 新疆农机化,2012,40(1):29-30.

[39] 连英惠. 棉花田杂草化学防除现状及趋势[J]. 农药市场信息,2011(25):44-45.

[40] 初晓庆,张晓辉,范国强,等. 棉花植保机械应用现状及发展展望[J]. 中国棉花,2013,40(7):14-16.

[41] 李桂亭. 棉花主要病虫害防治[J]. 现代农业科技,1999(3):19-20.

[42] 娄善伟,康正华,赵强,等. 化学封顶高产棉花株型研究[J]. 新疆农业科学,2015,52(7):1328-1333.

[43] 赵玲. 棉花机械打顶和人工打顶对比试验[J]. 农村科技,2007(7):10.

[44] 八一农学院农业机械系. 马拉棉花打顶机[J]. 新疆农业科学,1961(2):141-142.

[45] 杨发展. 棉花打顶机:CN01224993[P]. 2002-05-08.

[46] 陈延阳. 手提式棉花打顶机:CN200720127132[P]. 2007-07-28.

[47] 陈昭阳,石磊. 棉花打顶机研发历程及其研发重点探析[J]. 农机化研究,2016(1):251-256.

[48] 胡斌,罗昕,王维新,等. 3MDZK-12型组控式单行仿形棉花打顶机的研制[J]. 农机化研究,2008(5):73-78.

[49] 彭强吉,张明辉,胡斌,等. 3MDZF-6型垂直升降式单体仿形棉花打顶机的试验研究[J]. 农机化研究,2014(1):170-173.

［50］谢庆,石磊,张玉同,等. 基于 PLC 伺服控制的棉花打顶机设计与试验研究 ［J］. 农机化研究,2017(1):87-95.

［51］杨成勋,姚贺盛,杨延龙,等. 化学打顶对棉花冠层结构指标及产量形成的影响［J］. 新疆农业科学,2015,52(7):1243-1250.

［52］黎芳,王希,王香茹,等. 黄河流域北部棉区棉花缩节胺化学封顶技术［J］. 中国农业科学,2016,49(13):2497-2510.

［53］戴翠荣,赵晓雁,余力氟,等. 氟节胺化学打顶对南疆棉花农艺性状及产量的影响［J］. 新疆农业科学,2015,52(8):1394-1398.

［54］刘学. 新疆兵团棉花化学打顶整枝技术研究现状及展望［J］.农药科学与管理,2013,34(5):65-67.

［55］陈冠文,张旺峰,郑德明,等. 棉花超高产理论与苗情诊断指标的初步研究［J］. 新疆农垦科技,2007(3):18-20.

［56］中国农业科学院棉花研究所主编.棉花优质高产的理论与技术［M］.北京:中国农业出版社,1999.

［57］郑德明,姜益娟,柳维扬.新疆棉田土壤速效养分的时空变异特征研究［J］. 棉花学报,2006,18(1):23-26.

［58］郑德明,姜益娟,吕双庆,等. 新疆农田土壤的氮素含量现状［J］.塔里木大学学报,2002,14(2):5-8.

［59］李成亮,黄波,孙强生,等. 控释肥用量对棉花生长特性和土壤肥力的影响［J］. 土壤学报,2014(2):295-305.

［60］孙强生. 控释肥在棉花上的肥效研究［D］.泰安:山东农业大学,2007.

［61］孙恩虹,李亚兵,韩迎春,等. 基于空间统计学的棉花冠层光合有效辐射空间格局分析方法［J］. 棉花学报,2012(3):244-252.

［62］李亚兵,毛树春,冯璐,等. 基于地统计学的棉花冠层光合有效辐射空间分布特征［J］. 农业工程学报,2012,28(22):200-206.

［63］Xue H Y, Han Y C, Li Y B, et al. Spatial distribution of light interception by different plant population densities and its relationship with yield［J］. Field Crop Research, 2015,184:17-27.

［64］Bai Z G, Mao S C, Han Y C, et al. Study on light interception and biomass production of different cotton cultivars［J］. Plos One, 2016,11(5): e0155902.

［65］吴立峰,张富仓,等. 不同滴灌施肥水平对北疆棉花水分利用率和产量的影响［J］. 农业工程学报,2014,30(20):137-146.

［66］侯振安,李品芳,龚江,等. 不同滴灌施肥策略对棉花氮素吸收和氮肥利用率的影响［J］. 土壤学报,2007,44(4):702-708.

[67] 邓忠,白丹,翟国亮,等. 膜下滴灌水氮调控对南疆棉花产量及水氮利用率的影响[J]. 应用生态学报,2013,24(9):2525-2532.

[68] 吕江南,王朝云,易永健,等. 农用薄膜应用现状及可降解农膜研究进展[J]. 中国麻业科学,2007,29(3):150-157.

[69] 秦朝民,王旭俭,周亚立. 农用地膜回收的现状与思考[J]. 粮油加工与食品机械,1999(4):1-2.

[70] 严昌荣,梅旭荣,何文清,等. 农用地膜残留污染的现状与防治[J]. 农业工程学报,2006,22(11):269-272.

[71] 孟俊婷,魏守军,唐淑荣,等. 浅析残膜对棉田及棉花产品的危害与风险[J]. 棉花科学,2014,36(4):9-11.

[72] 孙志浩. 残膜对棉田的污染及治理[J]. 农村农业农民,2005(7):38.

[73] 戚江涛,张涛,蒋德莉,等. 残膜回收机械化技术综述[J]. 安徽农学通报,2013,19(9):153-155.

[74] 卫国,吴爱儿,张奎. 浅析色纺纱对染色原棉质量的要求[J]. 棉纺织技术,2008,36(7):34-36.

[75] 闫海涛. 棉田残膜回收机械化工程综合效益分析与评价研究[D]. 乌鲁木齐:新疆农业大学,2009.

[76] 徐弘博,胡志超,吴峰,等. 残膜回收收膜部件研析[J]. 农机化研究,2016,38(8):242-249.

[77] 周新星,胡志超,严伟,等. 国内残膜回收机脱膜装置的研究现状[J]. 农机化研究,2016(11):263-268.

[78] 李明洋,马少辉. 我国残膜回收机研究现状及建议[J]. 农机化研究,2014(6):242-245.

[79] 张佳喜,叶菲. 我国棉花秸秆收获装备现状分析[J]. 农机化研究,2011,33(8):241-244.

[80] 陈明江,平英华,曲浩丽,等. 棉秆机械化收获技术与装备现状及发展对策[J]. 中国农机化学报,2012(5):23-26.

[81] 张凤元. 我国棉柴收获机械的研制历史及现状[J]. 农业装备与车辆工程,1996(4):4-5.

[82] 贾健. 拔棉柴机的设计研究[J]. 山西农业大学学报(自然科学版),2005,25(3):268-269.

[83] 李有田. 关于棉柴的拉拔阻力试验分析[J]. 农业技术与装备,2005(6):15-16.

[84] 马继春,荐世春,周海鹏. 齿盘式棉秆整株拔取收获机的研究设计[J]. 农业装备与车辆工程,2010(8):3-5.

［85］中国农业机械化科学研究院.农业机械设计手册［M］.北京：中国农业科学技术出版社,2007.

［86］张爱民,王振伟,刘凯凯,等.棉秆联合收获机关键部件设计与试验［J］.中国农机化学报,2016,37（5）:8-13.

［87］唐遵峰,韩增德,甘帮兴,等.不对行棉秆拔取收获台设计与试验［J］.农业机械学报,2010,41（10）:80-85.

［88］李久喜,刘军民.机采棉的存储和加工（一）［J］.中国棉花加工,2011（3）:36-38.

［89］李久喜,刘军民.机采棉的存储和加工（二）［J］.中国棉花加工,2011（4）:36-38.

［90］韩淑萍,贾森林.机采棉棉模存储与搬运［J］.中国棉花加工,2008（2）:41-43.

［91］杨大伟.籽棉在棉模中的存放和处理［J］.中国棉花加工,2010（6）:14-16.

［92］周亚立,梅健.机采棉棉模贮存和运输技术装备［J］.新疆农垦科技,2001（4）:19-21.

［93］路秋松,郭大伟,阎秀广.简述机采棉打模工艺方案及应用［J］.中国棉花加工,2013（2）:11-13.

［94］张孝山,许传禄,王韶斌,等.田间（货场）籽棉打模系统成套设备介绍［J］.中国棉花加工,2008（4）:17-18.

［95］王序俭,曹肆林,孟祥金.兵团机采棉贮运设备的发展方向［J］.新疆农机化,2006（6）:9-11.

［96］陈海荣,陈秀丽.打模车在机采棉存储中的运用［J］.中国棉花加工,2013（6）:27-28.

［97］朱常青.机采棉的运输、堆放和加工生产中的工艺研究［J］.中国棉花加工,2013（6）:12-14.

［98］郭大伟,张剑飞.正确选择和准备田间打模场地［J］.中国棉花加工,2014（3）:20-21.

［99］安茂鹏.浅谈机采棉收储与加工［J］.中国纤检,2014（11）:28-29.

［100］刘成文.三团机采棉打模机的示范和应用［J］.农业机械,2008（1）:53-54.

［101］陈长林,石磊,张玉同,等.籽棉预处理工艺与机械化采摘方式适应性研究［J］.农业机械化研究,2015（1）:258-260.

［102］陈长林,石磊,张玉同,等.MQZ-4A型场地籽棉预处理机的设计及试验研究［J］.中国农机化学报,2015,36（5）:17-19.

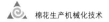

[103] 陈学庚,康建明.梳齿式采棉机籽棉清杂系统参数优化[J].农业机械学报,2012,43(S1):120-124.

[104] 翟鸿鹄.新型组合式机采棉清理机简介[J].中国棉花加工,2015(4):20-21.

[105] 韩玲丽,王学农,陈发,等.梳齿式采棉机清理装置的研究[J].农业机械,2011(11):114-116.

[106] 贾顺宁,王维新.统收式采棉机清杂装置的设计与研究[J].中国棉花加工,2011(1):10-11.

[107] 贾新橘,王维新,陈宏,等.统收式采棉机清杂系统的设计及运动学分析[J].农机化研究,2015(9):16-21.